U0186155

ゲノムが語る生命像

生命科学是什么

[日] 本庶佑 著

徐灵芝 译 赵维杰 审校

中信出版集团 | 北京

图书在版编目（CIP）数据

生命科学是什么 /（日）本庶佑著；徐灵芝译 . —
北京：中信出版社，2020.10（2023.8 重印）
书名原文：The Elephant in the Universe
ISBN 978–7–5217–2155–3

Ⅰ.①生… Ⅱ.①本… ②徐… Ⅲ.①生命科学－普
及读物 Ⅳ.① Q1–0

中国版本图书馆 CIP 数据核字（2020）第 157234 号

生命科学是什么
著者： ［日］本庶佑
译者： 徐灵芝
出版发行：中信出版集团股份有限公司
　　　　　（北京市朝阳区东三环北路 27 号嘉铭中心　邮编　100020）
承印者： 北京盛通印刷股份有限公司

开本：880mm×1230mm　1/32　　印张：8.25　　字数：128 千字
版次：2020 年 10 月第 1 版　　印次：2023 年 8 月第 4 次印刷
京权图字：01–2020–4376　　　　书号：ISBN 978–7–5217–2155–3
定价：58.00 元

第三章
基因工程技术

第四章
生命科学的新发展

第五章
从基因组看到的生命图景

第六章
生命科学给社会带来的冲击

第七章
作为生命科学工作者，我想说

前　言

　　作为1986年4月出版的Blue Backs丛书（日本著名的科普丛书）中的一册，这本书获得了意料之外的好评，再版印刷次数多达24次。但是，从当时到现在已经过去了27年，这期间生命科学取得了惊人的进展。因此，我将（日文）书名中的关键词"基因"改为"基因组"，并将修订后的新版本重新付梓。

　　将近30年的时间，对这个领域来说已经足够漫长。我尽可能地把这段时间内取得的生命科学进展纳入其中，结果使得新版本的内容与旧版截然不同。但我在改编过程中还是尽量保留了原版的风格，每章中有多个小节，在整体上则将生命科学的发展及其背后的各种生物学思想都尽量吸收在内。

　　另一方面，本书重点强调生命科学思想的改变是分析技术飞跃发展的结果。思想的发展和技术的发展不可分割。新的技术揭示了新的事实，事实的积累又不断改变着人们看待生命的方式。

如果列举在不足30年的时间里出现的新技术，我们会发现其发展速度令人震惊。

首先，得益于基因敲除技术的发展，我们可以明确地解析每个基因在生物体内的功能。这使得发育学、神经科学、免疫学等高层次生命功能现象的解析获得了重大进展。

此外，DNA（脱氧核糖核酸）测序的自动化和高速化，使我们能够在极短的时间内对单个生物物种，甚至是单个细胞的基因进行测序。技术革新的速度真可谓日新月异。人类全基因组解析宣告了21世纪的开始，实现这一目标花费了5~6年的时间，而在今天要完成同样的工作只需要几周。在不久的将来，所需时间甚至可能会缩短到几个小时，这是一次近乎天翻地覆的大革新。

得益于蛋白质谱分析技术的惊人发展及其精度的提高，我们能够阐明细胞内蛋白质之间的相互结合与解离。今天，很多研究机构都在从事相关研究，并逐渐绘制出蛋白质之间的关系图。

在了解细胞内单个蛋白质的动态运动方面，荧光蛋白（以绿色荧光蛋白为代表）的活跃表现令人惊讶。再加上后来研发的不同颜色的荧光蛋白，我们能够描绘出细胞内多个蛋白质相互结合与解离的动态图像，这在30年前是无法想象的。

此外，发源于医学的MRI（磁共振成像）等图像分析技术不断发展，并被应用到动物身上。双光子显微镜则能够对活体动物组织中的结构和细胞活动进行持续追踪和观察。

这些技术进步将给生命科学的思考方式带来巨大的变化。

如果把目光转向生命科学的未来，这一系列技术革新正在将迄今为止不断发展的所谓还原论研究推向极限。然而，将生命体还原到分子层面进行解析，我们是否就能真正理解生命是什么？令人遗憾的是，答案是否定的。从现在开始，生命科学已经进入了需要整合各个构成要素的新时代，知道如何把握作为整体的生物体全貌，才能描述生命究竟是什么。换句话说，理解"分子编织的生命丝缎"已经成为生命科学家的梦想。

此外，很多生命科学研究都以对小鼠等动物进行的模型研究为基础。这是因为近交系动物（基因一致的动物）个体之间的差异无限接近于零。但是，生命科学的一个重要出口是要揭示人究竟是什么，并由此为保护人类健康做出贡献，而每个人都有自己独有的DNA，彼此间千差万别。

接下来的30年里，需要对人体生命现象进行综合阐述。可以预见，生命科学将朝着理解个体差异及其表现形式，还有由此产生的疾病及其预防和治疗等方向发展。

　　在本书编撰过程中，我得到了很多人的帮助。特别是秘书白木裕贵先生，从内容的口述到插图的制作，在整个过程中他都倾注了很大的心血。另外衷心感谢从各个角度给予指正的县保年、冈崎拓、木下和生、近藤滋、佐边寿孝、武田俊一、田代启、竹马俊介、古川贵久、村松正道等诸位先生（排名按五十音图顺序）。

　　我在2005年接到讲谈社修订此书的约稿。当时我正好从京都大学医学部退休，时间比较自由，所以我接受了邀约。

　　但没有料到的是，在2006年6月，迫于某些原因，我不得不担任了综合科学技术会议常任议员一职。这个职务责任极为重大，因此原来约定的修订工作迟迟没有进展，直到2012年1月，我总算从长达5年零6个月的综合科学技术会议常任议员职务中解脱出来。我便以此为契机，正式开始了修订工作，并最终得以完稿。在原稿完成之前很长一段时间里，我得到了讲谈社高月顺一、筱木和久两位先生的鼓励和关照，在此一并致谢。

本庶佑

2012年12月25日

京都洛北

初版序言

　　大学时代的某一天，我曾和爱好大提琴的友人N君进行过一场讨论。N君是物理学专业的高才生。N君说："生物学之类不值得被称为科学。那种只记载一些暧昧模糊的现象论的生物学或医学是二流学问。"

　　自己的专业领域被这样尖锐地抨击，我无法保持沉默，立刻进行了反驳：

　　"生物学相对而言发展比较落后，这是事实。但是，导致这种落后的原因未必一定只在于生物学，或者生物学者。如果物理学和化学的技术或方法能变得比现在更加先进，生物材料的分析技术能够更加进步，生物学也会变得定量化，并成为出色的自然科学。

　　"生物学之所以处于现在这种较低水平，倒不如说是由于物理学者和化学研究者懈怠导致的。他们一味地关注单纯的氢原子，只研究非常纯粹的材料组成的模型系统或者其他理想的反应系统，而不去挑战像生物现象这样复杂而困难的问题，这可能也是导致生物学发展落后的一个原因吧？"

我记得这次讨论好像发生在大学二年级，当时，无论是我还是N君都未曾想到，生物学的面貌在那之后的10年左右就发生了惊人的变化。生物学取得这种革命性的发展，虽然部分得益于有机化学、物理学新技术的引入，但最主要的原因还是生物学自身开创出的新技术，也就是基因工程技术的发展。

幸运的是，我的研究生涯能够与基因工程技术发展的这一阶段相吻合，我本人也为发现基因的动态变化做出了很小的贡献。生物学的革命性进展彻底打破了一直以来被人们坚信的"遗传基因固定不变"这种观点，也对大家的生命观产生了不小的影响。

于是，生物学的革命不容置疑地为我们打开了生命的神秘之门。对此，很多人都感到困惑，打开这扇神秘之门会不会像打开希腊神话中的"潘多拉盒子"一样呢？我们是否不得不面对一些根本不想见到的东西？

另一方面，在今天包含生命科学在内的各个领域科学技术的发展，也忽然打开了实验室和社会之间的那扇大门。这在美国表现得尤为明显。大学里的权威教授大多在私营企业兼任重要职务，研究成果被迅速回馈给社会。但在日本，类似"学者以沉默寡言为好""学者直接充当实验室和社会之间的桥梁并不是一件好事"这样的认识，在学术界依然普遍存在。

但是，从20世纪60年代后半期置身于所谓的学园纷争旋涡中的经验来看，我对在学术界和社会之间设置厚厚的壁垒略持批判的观点。在那漫长而宝贵的时间里，我们不断思考后得出的结论，我觉得只能用"科学研究不应该与社会完全脱节"这句话来表达。在研究生时期，我曾停下研究工作，用一年的时间来讨论我国究竟应该采用怎样的研究体制，科学和社会之间究竟应该是怎样的关系。当时，我觉得这完全是徒劳，只希望能尽快重新开始研究工作。

但现在回想起来，这一年带给了我非常宝贵的、可能无法通过其他方式获得的经验。对社会和学问之间的关系，我进行了深入思考，形成了自己的见解，并对人们的语言与行为之间的关系进行了很多有趣的观察，这些都成为我人生经验中极为宝贵的财富。

我从这些宝贵的经验中领悟到，学问不应该封闭。特别是像现在的自然科学，所有的研究经费都是由国民所纳税金来承担的，那就应该积极努力，把研究成果回馈给国民。科学技术的成果是否不应只通过其应用的结果给国民生活带来方便，而是将它所引导的思维方式，也回馈给专业领域之外的人呢?

因为有这样的想法,所以当我被邀请参加演讲活动的时候,即使很勉强,我也会参加。坦白地说,我通常不得不抽出自己的研究时间去参加活动,同时还担心自己的观点能否正确地传达给听众,参加这种演讲有时是一种痛苦。但我一直认为,面向大众的演讲是一种科学研究人员对国民应尽的义务。

在编写本书之际,我回想起这些时,发现参加演讲活动对我来说,其实也是对生物学整体进行展望并总结科学和社会之间关系的难得机会。当时的笔记和备忘录等都成为编写本书的基础。

编辑部的小宫浩先生首次建议我为讲谈社的 Blue Backs 丛书编写本书,已是5年前的事了。当时实在没有时间,所以我坚决推辞了。后来,我被他执着的邀请和他那种让人讨厌不起来的性格所折服,冲动之下我还是答应了编写。从那以后,几年时间又过去了。

直到昭和六十年(1985)春天,我发现若要兑现承诺,拖延至此已是极限,如果再不下笔,手头的笔记和备忘录等记载的内容就会变得陈旧过时。所以,我和主编小枝一夫约定,利用那一年的暑假完成本书的编写工作。

关于分子生物学或基因工程学的书已经很多了,而且我想，如果像教科书那样，罗列一个个知识点来展开叙述，一般人可能很难理解。

于是编写本书时，我首先遵循的一般原则是：每个小节是完全独立的，各自像一篇短篇小说那样，可以作为一篇完整内容读完。为了能让读者了解基因工程学的实际情况，我在第二章、第三章中的一些地方做了较为详细的阐述，但这些也可以略去不看。我更期待的是，读者能理解生命科学进步的成果所蕴含的意义和生命观。当然，生命观之类的内容是因人而异的，这也只是我个人武断和充满偏见的想法，希望大家能谅解。本书绝对不是教科书，而是一个生物学家的笔记。

衷心感谢本书编写过程中给予我热情帮助和建议的冈本左和子、小枝一夫、小宫浩、近藤滋、竹谷素子、田代启、田边瑞雄、栖村真弓、成宫周、松田文彦等诸位先生（排名按五十音图顺序）。

本庶佑

1986年4月

第一章

从孟德尔遗传定律到全基因组测序

基因组是细胞中所有DNA的总和，它包含了细胞的所有遗传信息。换句话说，基因组可以说是生命体的设计图。

人类基因组包含2万~3万个可以被翻译成蛋白质的遗传基因。

在基因组中，各种遗传基因及其组合记录着从过去到现在，甚至到将来的，关于生命结构的信息。

现今存在的生命，是从40亿年前最初的生命体开始，由DNA这条丝线逐渐编织而成的，而未来生命体的原型，也已经记载在现今生命的基因组中了。

要了解基因组，从遗传学的历史入手是最合适的。

1. 孟德尔为什么伟大?

　　皮肤的颜色、个子的高低是由父母遗传给孩子的,人们很久以前就已经从经验中了解到这一点。孟德尔猜测,存在一种可以决定肤色、身高等生物体性状的物质(表现为粒子),而这种物质又承担着把父母的性状遗传给孩子的作用,他还展示了能够支撑这个新概念的实验依据。

孟德尔遗传定律是中学教科书收录的内容,也是所有人都熟悉的法则。被孟德尔称为粒子的物质,现在被称作基因。

父母的性状通过基因传给孩子。而在子代中,不同遗传性状的表达有一种力量关系,表达出来的性状定义为显性,隐藏起来的定义为隐性。这就是遗传的显隐性定律。可是到了孙子那一代,在子代中仿佛不存在的隐性遗传性状,又可以被很好地保留并表达出来。这就是被称为"分离定律"的孟德尔第一定律。孟德尔第二定律被称为"自由组合定律"①，指相互无关的两个遗传性状之间互不干扰，可以各自独立且随机地由父母遗传给子女。

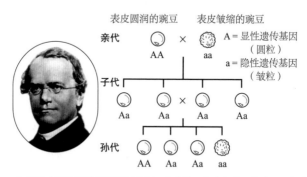

表皮圆润的豌豆　　表皮皱缩的豌豆

亲代　　○ × ◎　A = 显性遗传基因
　　　　AA　　aa　　（圆粒）
　　　　　　　　　　a = 隐性遗传基因
　　　　　　　　　　（皱粒）

子代　　○　○ × ○　○
　　　　Aa　Aa　　Aa　Aa

孙代　　○　○　○　◎
　　　　AA　Aa　Aa　aa

如果让上面的两种豌豆进行交配，产生的子代全部为圆粒豌豆；但在子代之间相互交配产生的孙代中，有1/4的概率会产生皱粒豌豆。

图1-1　豌豆实验和孟德尔第一定律

可遗传的性状是通过基因来传递的，这种观点在今天已经是常识，所以即使我进行了以上阐述，很多人可能还是不明白孟德尔的伟大之处何在。

通常，要正确评价历史上的事件和发现是相当困难的。因为如果我们根据今天的常识去理解历史，往往会发生意想不到的错误。孟德尔定律也是一样，我们必须回到孟德尔生活的时代，立足于当时的常识来考虑，才能理解他为什么伟大。

① 该定律又称"独立分配定律"。——译者注

在孟德尔生活的19世纪中期（孟德尔出生于1822年，逝于1884年），人们认为父母的遗传性状在孩子身体中融合，变得浑然一体，然后表现在孩子身上，正如把牛奶混入咖啡中变成奶咖那样。想要再从奶咖中分离出咖啡和牛奶并不容易，人们认为遗传现象也是一样，父母的性状是混合在孩子身体中的。

如果这种观点是正确的，已经混合的性状在孙代身上发生分离并显现出来的遗传现象就不可能发生。相反，如果遗传因子是各自独立的单位，在子代身上也绝不会相互混杂，只不过显性性状在表现上胜过隐性性状，使隐性性状隐藏起来，那么孙代身上重新显现出子代中隐藏的隐性性状，当然是有可能的。

就这样，孟德尔首次提出了全新的概念，认为遗传现象是通过遗传因子这种独立的单位，以相互不混杂的形式由父母传给孩子的，孟德尔将其称为"粒子说"。

如果站在粒子说的立场上，我们就可以推导出孟德尔的分离定律。因为我们认为在雌雄交配的过程中，一对遗传性状会被传给子代，那么子代之间相互交配产生的孙代的遗传性状，就可以通过它们的父母所拥有的遗传因子组合方式来预测。

孟德尔在实验中使用的豌豆性状，比如其表皮是否皱缩或者豌豆植株的高矮等，非常适合这种遗传现象的研究。

但在孟德尔的实验结果中，孙代中显性和隐性性状出现的比例过于接近理论预测的数值3∶1，所以到目前为止，已经有好几个人提出了疑问。他们质疑，孟德尔的实验结果是否被他先入为主的预测结果所扭曲了。提出这种疑问的人有：研究生物种群（例如人类种群）遗传性构成的支配法则、被誉为种群遗传学鼻祖的罗纳德·艾尔默·费希尔和休厄尔·格林·赖特，以及使用红色面包霉开拓了生化遗传学的乔治·韦尔斯·比德尔等。

的确，如果孟德尔最初是站在粒子学的立场上进行豌豆实验的，那么他必然可以预测到显性隐性比为3∶1的结果，对实验结果有"先入之见"也并非不可想象。

即使多少有这样的成分，孟德尔的伟大业绩依然不可动摇。或者说，他能够在与当时的常识相反的革命性观念的基础上，提出遗传定律的假说，并在1853—1866年的漫长岁月中试图用实验证明，这反而正是更值得人们赞赏的地方。

2. 进化 = 遗传变异 + 自然选择

在人们普遍相信地球上的生物物种由神创造并且不会发生变化的时代，达尔文结合敏锐的观察和细致的事例分析，坚信生物物种是不断变化的。他认为这种变化的发生，是有着遗传性变异的个体（或种群）被自然环境所选择的结果，从而提出了自然选择的概念。

所谓进化[①]，如果用现在的语言来描述，可以说是"基因组的历史变化"。达尔文撰写了《物种起源》一书，指出进化是通过遗传变异及其自然选择发生的。

但是，达尔文并没有形成明确的基因概念。1859年，当他发表《物种起源》时，由孟德尔提出的"遗传因子"这一概念还尚未出现（孟德尔是在1865年发表豌豆杂交实验结果

---

① 现代生物学家常以"演化"一词代替"进化"，因为生物物种的演变是没有方向性的，不一定是越变越好、越变越先进的进化。——审校注

的^①）。尽管如此，达尔文通过仔细观察自然，已经了解到生物中存在遗传变异。但对为什么会产生这种变异，他很可能并没有正确理解。

图1-2　启发达尔文提出进化论的加拉帕戈斯的象龟，它有多个变种

达尔文做出的推论，被狂热的进化论信奉者赫胥黎归纳为以下三点。

第一，所有的动植物物种中，出生的子代的数量都多于其父母的数量；第二，尽管如此，大多数物种的种群规模大致保持不变；第三，自然界存在着非常多的变异，其中很大

---

① 原文中称孟德尔发表豌豆杂交实验结果是在1866年，此处根据《辞海》等资料修订为1865年。有说法显示，1865年孟德尔向同行公布了实验结果，1866年年初其论文正式发表。——编者注

一部分是可遗传的。

从前两条观察结果可以推论，为了存活下去，自然界中的生物间存在生存竞争。此外，我们可以认为种群中同时存在容易存活和不容易存活的生物个体，幸存的个体会繁衍子孙，不断增加其在种群中的数量。这就是自然选择的原理。

达尔文提出的遗传变异和自然选择，是理解生物所需的两个极其重要的概念。

与达尔文的进化论相比，之后产生的遗传学中又增加了一些内容，以解释遗传变异是如何发生的，以及自然选择的淘汰机制是怎样的。换言之，在达尔文之后，进化遗传学家孜孜不倦，试图或从分子层面，或利用孤立的群体，来验证达尔文提出的概念。

要理解达尔文的伟大之处，依然要回顾他所生活时代的历史背景，我们有必要回忆一下，在当时，对"生命是变化的"这一观点持否定态度的人的数量占压倒性优势。试想一下，即使在今天，仍然有许多宗教信徒坚信所有生物物种都是由神创造的，由此不难想象在19世纪中期，这种信仰对人们的思考方式有着多大的影响。

不过，正如达尔文自己所承认的那样，他并不是进化原理或自然选择概念的首创者。应该说，他整理了很多已有的观点，收集了许多支撑这些观点的事实，并用普通人也能

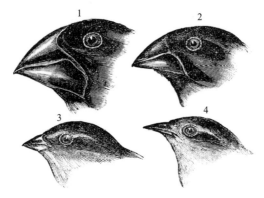

1. *Geospiza magnirostris*　　2. *Geospiza fortis*
　　（大嘴地雀）　　　　　　　　（中嘴地雀）
3. *Geospiza parvula*　　　　4. *Certhidea olivacea*
　　（小嘴树雀）　　　　　　　　（加岛绿莺雀）

图 1-3　从加拉帕戈斯地雀身上观察到的鸟喙形状的进化
资料来源：《贝格尔舰环球航行记》。

理解的方式阐述了进化的概念（出自"人人文库"①《物种起源》中 W. R. 汤姆森的序言）。所谓的达尔文主义，可以说是经由达尔文和他的支持者们共同创造形成的一种思想。

关于进化的重点是，变异可以发生在任何一种细胞中，但能够传给子孙后代的只有发生在生殖细胞中的遗传变异。另一方面，虽然自然选择是作用于个体的，但选择结果能否

---

① 人人文库（Everyman's Library）：企鹅兰登旗下一家出版社的品牌，已有超过百年历史。——编者注

在种群中稳定存在才是进化的关键。因此，要从分子层面来解释进化，就有必要在解释生殖细胞中遗传变异的同时，也解释大种群中的动态生存竞争。

实际证实了达尔文"环境对种群进行选择"这一观点的，是2009年京都奖的获得者格兰特夫妇。格兰特夫妇用了35年的时间——从进化的角度来看这段时间非常短暂——观察发生在种群中的选择。他们从1973年开始，观察和见证了加拉帕戈斯群岛的珍禽地雀的鸟喙形状及体型的快速演化，并指出这些巨大的改变是气象条件变化导致食物种类变化带来的。

性状在如此短的时间内发生如此巨大的变化，恐怕是因为个体数量有限的种群中出现了非常大的选择压力，围绕着数量有限的食物，个体间展开了极其激烈的生存竞争。也就是说，我们可以认为，遗传变异可能并不是在35年内急速发生的，而是在种群内已经存在的基因储备中，通过某种组合产生了适合环境的个体。这类个体在强大的选择压力下，很快在种群中占据了多数。这一观察成果获得了相当高的评价：在孕育了达尔文进化论的加拉帕戈斯群岛上，格兰特夫妇利用由达尔文首先描述的地雀，实际验证了达尔文的思想。

3. 发现遗传因子的本质

　　20世纪中期，人们终于确认，遗传因子（基因）其实是一种名为DNA的化学物质。此后，沃森和克里克在1953年揭示了DNA双螺旋的结构，明确了DNA从母代向后代传递遗传信息的分子结构，从而奠定了现代生命科学汹涌澎湃发展的基础。

　　基因的本质是DNA，这在今天已经成了一个常识。然而，这一常识的形成，是漫长岁月中很多人不懈努力的成果。

　　DNA是在19世纪中期，由瑞士生物学家约翰·F. 米歇尔最先从受伤者伤口的脓液和大马哈鱼的鱼白（精巢）中分离得到的化学物质。但是在当时，DNA就是遗传因子这一观点，对于很多人来说都是无法想象的。另一方面，进入20世纪后，美国人摩尔根证实遗传因子存在于细胞核中的染色体上。染色体是由蛋白质和DNA组成的。因此，围绕遗传因子是DNA还是蛋白质这个问题，科学界展开了长期争论。

　　遗传因子的本质是DNA这一观点，最直接的证明来自艾弗里、麦克劳德和麦卡蒂三人，1944年他们利用有毒的肺炎球菌（S型）外侧的特殊荚膜共同证实。他们从有毒的肺炎球菌中提取DNA，并将其转移到没有荚膜的无毒细菌（R型）中，成功地将其转化为有毒的细菌。这个现象被称为"性状转化"。能使性状发生转化的物质是DNA，这直接证明了DNA就是遗传物质。但20世纪40年代进行的这一研究，未能得到大多数人的认可。

　　原因之一是当时的研究人员有一种先入为主的观念，认为DNA的结构应该极为简单，不可能承载复杂的遗传信息。DNA中只有4种碱基——腺嘌呤（A）、鸟嘌呤（G）、胞嘧啶（C）、胸腺嘧啶（T），还有脱氧核糖和磷酸。与之相比，蛋白质中含有比例不等的20种氨基酸，可以形成多种多样的蛋白质。很多研究人员深信，遗传物质应该是相当复杂的。

　　归根结底，要让人们承认DNA是遗传物质，就必须搞清楚DNA的具体结构，并用这个结构便捷地解释遗传现象。直到1953年，沃森和克里克才揭示了DNA的双螺旋结构。

　　双螺旋结构的发现解开了许多与基因相关的谜团，利用这一结构，人们还可以预测各种遗传现象的机制，并通过实验进行验证。沃森明确指出，DNA的双螺旋结构可以很好地解释遗传物质的复制过程。正如铸模与铸件之间相互对应

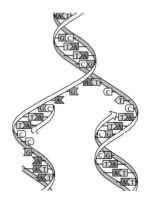

A、T、G、C这4种碱基沿着由脱氧核糖和磷酸形成的链，以A-T和G-C的方式结合在一起。DNA可以解开双链，然后进行复制。箭头表示复制的方向。

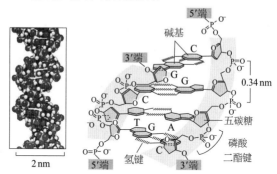

DNA的两条链以相反的方向互相结合，DNA链在脱氧核糖的5-OH和3-OH之间以磷酸相互连接，与磷酸结合的5-OH端定义为5′端，3-OH端定义为3′端。DNA合成只能从5′端向3′端方向进行。

图1-4 DNA的双螺旋结构

资料来源：*Molecular Biology of the Cell*，第4版。

一样，以一条DNA链为模板，就可以精确复制出另一条链。此后，在不到60年的时间里，关于基因结构与功能的研究成果层出不穷，如滔滔江水般不断涌现。

中心法则

从DNA的双螺旋结构可以推测，遗传信息的密码是由4种碱基的排列顺序决定的。如果忠实地复制这一序列，就可以将遗传信息传给后代。

此外，这些遗传信息还需要表现为实际发挥生理功能的物质，也就是蛋白质。之后的研究表明，DNA中的信息可以转录到RNA（核糖核酸）上，RNA碱基序列中的遗传密码又可以翻译成氨基酸序列，从而决定蛋白质的结构。遗传信息可以单方向地决定发挥生理功能的蛋白质的结构，不会发生信息倒流。这就是由克里克等人提出，并逐渐被大多数人接受的"中心法则"。由此，基因的作用在概念上得到了基本确立。

中心法则意味着，获得性状（比如体育选手通过锻炼形成的强健肌肉）是不能遗传给下一代的。因为如果获得性状能够遗传，就意味着"蛋白质→RNA→DNA"的信息逆流可以发生。

4. 基因组的全碱基序列测定

遗传密码是由DNA链上4种碱基的排列顺序决定的。在掌握了解读这一序列的方法之后，研究者成功测定了人类基因组的全碱基序列。这让很多人误以为，我们已经掌握了生命的全部遗传信息，但实际上，我们的解读工作才刚刚开始。

今天，我们正在一步一步地对生命设计图进行全面解读。遗传语言（密码）是以碱基的排列方式书写的，如果能测定这一序列（人类基因组含有约32亿个碱基对），就可以解读出基因组所拥有的全部遗传信息。使用20世纪70年代开发的化学测序法（马克萨姆–吉尔伯特法，参考第19节）或者酶法（桑格–库森法，参考第19节），可以轻松地测定碱基序列。从酶法的原理出发，人们还研制出能自动测定碱基序列的设备，在2003年比预期更早地实现了人类基因组的全碱基序列测定。结果表明，人类基因组中存在着2万~3万个能翻译成蛋白质的遗传基因。

现在，我们已经获得了碱基序列，从而了解了人类的全部遗传信息（基因组）。最初，这项工作由六个国家组成的国际研究团队合作进行，各国以染色体为单位分担工作，再将源自不同人的DNA测序结果汇总在一起。之后，人们又实现了对特定的某个人的全基因组序列的测定。此外，除人类以外的1 000多个其他物种的基因组序列得到了解读，其中当然包括猪、牛等家畜，也包括黑猩猩、昆虫、植物、水稻等物种，还有许多其他物种的基因组测序工作正在进行中。

按照这种趋势，我们很可能在21世纪内完成对地球上所有物种的基因组碱基序列的解读工作。也就是说，我们将可以从碱基序列的层面追溯物种的进化历史。将黑猩猩和人类的基因组进行比较，找出其中存在差异的基因，解答"人类的智力、语言能力为什么更发达"这样的问题，或许指日可待了。

从孟德尔的假说开始，到今天我们终于获得了包含人类全基因组的信息。这不仅对生命科学，而且对整个人类的未来有着重大意义。随着基因组全碱基序列测定方法的高速化和低成本化，在不远的将来，如果有需要，每个人的基因组信息都能得到测定。

通过这些基因组信息，人们了解到了什么呢？到目前为

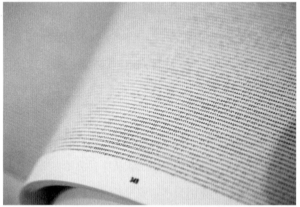

图 1-5　上图为按照不同染色体分册印刷并装订的人类基因组碱基全序列，下图为其中的一页

资料来源：上图为英国 Wellcome Collection 收藏，下图©Rex/PPS。

止，获得的第一条知识是，如果以测序结果为根据，计算一下能够翻译成蛋白质的基因的数量，你会发现，人类基因组中的基因数量出乎意料地少。人类只有不到3万个基因，和果蝇等昆虫相比没有太大差别。因此，仅凭基因数量很难解释昆虫和人类之间的各种高级生物学功能上的差异。

获得的第二条知识是，与基因相比，与基因表达、调控相关的碱基序列数量更大，并且具有复杂的层次。

获得的第三条知识是，我们从获取的基因组信息中再次认识到，生命科学所遵从的原理非常复杂，无法从物理学和化学等简单原理中明确演绎出来。在物理学中，要研究世界中的事物，即便是有限范围内的事物，也是非常困难的。比如说，我们不可能证明某种物质是不存在的，因为可能只是一时无法观测到它。但在生命科学中，我们可以断言那些不存在于基因组中的遗传信息确实是不存在的。这是因为基因组只拥有有限的遗传信息量。尽管如此，由基因组信息驱动的生命体活动也非常复杂，甚至可以说是无限的。查明其机制，便是今后生命科学研究的主题。

从提出孟德尔遗传定律开始，人类仅用150年时间就完成了对基因组整体面貌的描述，这充分反映了人类对知识的强烈好奇心。但基因组的全碱基序列测定，只是迈出了揭开生命本质的第一步。从现在开始，我们将以基因组信息为基础，重新思考生命究竟是什么。

　　以如此有限的遗传信息为基础，为什么生命体能够呈现出无限复杂的发育和分化行为，为什么大脑能够行使高级功能，为什么生命体可以防御具有无限可能性的感染性疾病？我们正在竭尽全力，跨越有限的基因组这一巨大障碍，试图揭示生命体在40亿年的进化过程中所积累的惊人秘密。

　　我们掌握了基因组全碱基序列，打个比方，就像是找到了一本电话簿，上面记载着一个拥有3万人口的城市中每个人的电话号码。如何才能了解这个城市的结构和运作方式，以及如何才能看清它的全貌？给3万人一个个地打电话，询问他们每天在做些什么、吃些什么以及怎样生活，是否就能厘清这个有3万人口的城市的整体活动呢？这正是生命科学面临的巨大挑战。

第二章

分子细胞遗传学基础

DNA被证明为遗传物质，其分子结构也得到阐明，人们因此意识到可以将基因视为一种分子。

　　本章介绍分子细胞遗传学的基本知识，这是基因工程技术的基础。

　　此外，我想总结一下目前对基因结构和功能的理解，以帮助读者更好地把握基因的真相。

5. 细胞构造与生命体的定义

生命体的最小单位是细胞，基因组存在于细胞核中。我们可以从细胞中取出细胞核，将基因组转移到其他细胞中。此外，存在除基因组以外几乎不具备任何其他细胞功能的生命体，也就是病毒。

构成生命体的基本单位是细胞。正如一座房子中厨房、浴室、卧室、餐厅、卫生间一应俱全，一个细胞也能够满足所有基本生命活动的需求。

生命的基本功能中，第一个特征是制造和自己一样的产物，繁衍子孙（自我复制）。细胞（二倍体）从父母身上各继承一个基因组。要想复制细胞，首先要复制父亲和母亲各自的基因组，成为四倍体，再通过细胞分裂，成为两个和之前一样分别具有父母基因组的细胞（二倍体）。

生命体的第二个特征是可以进行新陈代谢。细胞吸收营养，获得能量，从而实现自我控制，将细胞维持在相对稳定的状态（自我更新）。

　　第三个特征是，生命体能对外界做出反应。每个细胞的表面都有多个受体，就像电视、收音机的天线或双筒望远镜一样，受体可以将各种信息从外部输入细胞内部。其结果是，细胞能够适应外界的变化，迅速改变自身的内部环境（适应性）。

　　承担各种细胞功能的是各种各样的细胞器（如图2-1所示）。最重要的基因组存在于细胞核中。为所有细胞活动提供能量的，是被称为"线粒体"、可以产生化学能的细胞器。

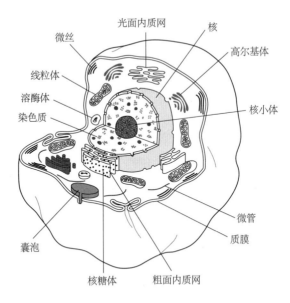

图 2-1　细胞的构造和细胞器

核糖体是将由基因转录而来的信使RNA（mRNA，在第7节和第12节进行详述）翻译成蛋白质的场所，而高尔基体在蛋白质从细胞内分泌到细胞外的过程中起着重要作用。溶酶体负责分解细胞内不需要的蛋白质，进行再利用。

细胞受体嵌入包围着细胞的细胞膜中，并接收各种信息。细胞膜是明确区分细胞内外环境的重要屏障。

在构成细胞的化学物质中，除作为遗传因子的DNA外，蛋白质也很重要。蛋白质由20种氨基酸按不同顺序连接而成，是一大类具有复杂功能的分子。一般来说，大多数情况下，蛋白质是细胞内各种生理活动的直接执行者。多糖和脂类分子则常常起到构造性的支撑作用。例如，脂类是构成细胞膜的重要成分。但在有些情况下，糖类或脂类分子也可以行使蛋白质的功能，控制或传达细胞内的信息。此外，糖原等糖类、中性脂肪（甘油三酯）等脂类分子，也是重要的能量储存形式。

在各种细胞内的分子中，由基因直接决定结构的只有蛋白质。这些由基因决定的蛋白质中，有一类是具有特异性活性的酶。酶可以催化合成糖类和脂类分子。因此可以说，糖类和脂类的结构是由基因间接决定的。

核移植

基因组存在于细胞核中，所以可以用很细的玻璃管从一个细胞中吸取细胞核，并将其移植到另一个细胞中，来传递细胞的遗传信息。通过这种方法，我们得到了令人惊讶的结论。1962年，约翰·格登提取了非洲爪蟾原肠胚的细胞核，并将其移植到去掉细胞核的卵细胞中。大多数核移植胚胎没有发育成爪蟾，但有非常少的一部分（少于0.1%）发育成了可以繁殖后代的爪蟾。

这很直接地说明：第一，在原肠胚这种具有特定功能的细胞中，其基因组储存了发育成完整爪蟾个体所需的所有遗传信息。也就是说，在细胞分化的过程中不会丢失遗传信息。第二，在分化过程中发生的各种遗传信息表达状态的变化，可以在受精卵中重新恢复到初始状态，从而使受精卵获得分化为所有类型细胞的能力。这种现象就是在今天备受关注的"重编程"（参照第27节），这也是诱导多能干细胞（iPS）的形成原理。

病毒是生命体吗？

从酵母到动植物，各种真核生物都是由前文所描述的细胞构成的。在多样化的生物界中，还存在着没有明确细胞核结构的细菌等原核生物。那么，能够感染细胞并增殖的病毒能称为生命体吗？病毒的种类非常多，但它们的结构一般都很简单。病毒粒子是由DNA和数种蛋白质以及包裹它们的包膜构成的，没有细胞器。

病毒不能独立生存，它们必须感染自己偏好的宿主，并利用宿主细胞中的能量与代谢能力进行增殖。大多数情况下，感染了病毒的宿主细胞最终会解体。

本节开头提到的生物的3个特征（自我复制、自我更新、适应性）中，病毒可以说勉强具有自我复制能力。病毒的遗传信息，只能编码DNA复制酶、构成包膜的蛋白质，以及与DNA复制调控相关的少数蛋白质。

有人认为，病毒可以说是最原始的生命体；也有人认为，病毒舍弃了除自我复制这种最基本的生命能力以外几乎所有的非必需部分，因此是效率最高的生命体。另一些人则认为，病毒可以说是具有自我复制能力的最小"物体"。但我想，如果将生物界和非生物界一分为二，病毒还是更接近生物，或者更加妥当的是将它视为处于两者边界上的不完整生命体。归根结底，病毒拥有基因组，因而有别于非生物。

6. 两米长的DNA链如何形成染色体？

　　单个人类细胞中基因组的总长度约为两米。在直径为几微米到几十微米的细胞核中，这条长达两米的链像线圈一样，紧密缠绕在组蛋白的周围，被折叠和压缩了大约1万倍。细胞分裂时，可以通过光学显微镜看到的染色体，就是基因组高度浓缩后的形态。

我们的基因以DNA的形式储存在细胞核中。但实际上，DNA分子并不是以原本的线状形态被塞进细胞核中，而是被有规律地折叠在名为染色体的结构中。

　　通常，染色体呈相对平展的形态，以DNA和蛋白质的复合体形式存在于细胞核中，即便是使用光学显微镜也无法观察到明显的染色体结构。但在细胞分裂时，它在光学显微镜下清晰可见，被称为染色体。此时我们可以清楚地看到，我们的基因组是由父型、母型共计2组染色体构成的。

　　人类有23对染色体，其中22对被称为"常染色体"，剩余的1对被称为"性染色体"（X和Y）。XX型是女性，XY

型是男性。但当然，决定性别的不是染色体，而是被编入染色体中的基因。因此，对不同的物种来说，决定其性别的染色体组合也有所不同。

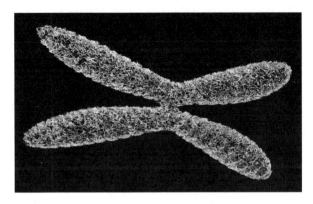

图2-2　染色体

说明：图中为1条常染色体，2条可以组成1对。照片所示为实际尺寸放大1万倍。

包括人类在内的哺乳动物的1个细胞中，含有长度约为64亿（6.4×10^9）个碱基对的DNA。碱基对之间的距离为3.4埃（用符号Å表示，1埃为1×10^{-10}米），即3.4×10^{-10}米。因此提取1个细胞的DNA，再将23对染色体的DNA首尾相连，形成1条绳子，这条绳子将长达两米。

这条长达两米的绳子究竟是如何折叠在直径仅数微米（用符号μm表示，1微米为1×10^{-6}米）或数十微米的细胞核中的？粗略地说，DNA长链以约1万倍的压缩比折叠在细胞核中。

DNA长链缠绕在"线圈芯"（组蛋白）上。4种组蛋白（H2A、H2B、H3、H4）每种两个，聚集形成由8个组蛋白分子构成的八聚体。在一个组蛋白八聚体的周围，DNA链可以缠绕1.7圈，形成名为"核小体"的基本单元。如图2-3所示，由DNA链串联的一个个核小体就像是一串串珠链，又被多次折叠成线圈状，形成双重和三重线圈，以压缩到极致的形状被折叠在核中。

大肠杆菌等细菌所拥有的DNA全长大约1毫米。那么，一个人所拥有的DNA总长度是多少呢？人体内的细胞总数约为60万亿，全部DNA的长度达到惊人的1 200亿千米。地球和月球之间的距离约为38万千米，地球和太阳也只相距1.5亿千米，从这样的数据对比中，就可以看出一个人所拥有的遗传物质总量是多么庞大。

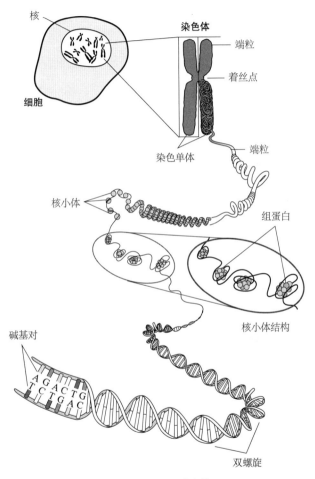

图 2-3　DNA 和染色体

说明：为显示局部和整体的关系，图中越向下扩大倍率越大。

7. 从DNA锁链探寻遗传信息

　　DNA的结构是两条相互缠绕的链。为了让两条链缠绕在一起，碱基之间就像钥匙和锁孔一样，通过氢键相互连接。A和T连接，G和C连接。因此，一侧的钥匙就成为另一侧的铸模，可以将遗传信息准确地复制并传递给后代。

　　DNA的结构就像两条丝带相互缠绕组成的长绳索（双螺旋结构）。仔细观察可以发现，与其说是绳索，倒不如说是锁链更为贴切。

　　为什么这么说呢？因为DNA是由被称为"核苷酸"的基本单元连接而成的，正如锁链上的环环相扣一般。每个核苷酸由一个碱基、一个糖和一个磷酸组成。

　　碱基分为A（腺嘌呤）、G（鸟嘌呤）、T（胸腺嘧啶）、C（胞嘧啶）4种，它们附着在链的内侧，使两条链互不分离。将它们连接在一起的是一种被称为"氢键"的较弱的力。即使是弱力，数量多了，整体力量也会很大，通常这两条锁链不会散开。如果要解开双链，就需要施加一些激烈的条件，如提高温度（60~70摄氏度）或使体系呈碱性等。

依据4种碱基的结构，它们中能够相互连接的是A和T、G和C。

DNA中的糖是脱氧核糖。核酸中的糖由5个碳原子构成，如果其中第二个碳原子与氧原子结合，这个糖就被称为"核糖"；如果不与氧原子结合，则被称为"脱氧核糖"（参照第14页图1–4）。

核糖是生命体中另一种重要的核酸——RNA的组成成分。在生物界，也有些生物将RNA而不是DNA作为遗传物质。但大部分生物都以DNA为遗传物质，自然有相应的理由。这是因为与RNA相比，DNA在化学上更稳定，不易发生变化，所以是更适合作为生命设计图的化学物质。

一般情况下，生物体中的RNA可以是mRNA——DNA中的遗传信息表达为蛋白质过程中的临时中间体，或者是rRNA（核糖体RNA）——将mRNA翻译成蛋白质颗粒的组成成分，或者tRNA（转运RNA）等。（参照第11、12节。）

火柴中常含有磷元素，磷酸就是磷的氧化物。在洗涤剂中添加磷酸，可以增强清洁能力，但会引起环境污染，这一点已被很多人熟知。磷酸在生命体中无处不在，起着极其重要的作用，它可以储存能量，而且是许多化学物质的生物合成过程中的中间体。

DNA中的磷酸是将核苷酸连接成链的桥梁。磷酸身处一个脱氧核糖和下一个脱氧核糖之间，将它们连接起来，使DNA链不断延伸。

大致观察DNA的双链，可以看到链的外侧呈现脱氧核糖和磷酸交替连接的均匀结构，而两条链的内侧则是不规则排列的阶梯状碱基对（AT对或GC对）。遗传信息正是被记录在碱基对的序列之中。

决定遗传信息的碱基对

两条链相互连接，碱基间相互对应。这意味着如果确定了一条链上的碱基序列，另一条链上的碱基序列就会自动确定。也就是说，两条链互为铸模（这种关系被称为"互补性"）。因此，如果在一定的条件下强行解开双链，使其变成单链（这一过程被称为"DNA变性"），然后回到适当的条件，单链还会找到原来的互补链，重新形成稳定的双链。这个反应被称为"DNA结合"或"分子杂交"（如图2-4所示）。

利用这个反应，能够简单地找到特定的碱基序列（或者说基因）。用荧光色素、化学发光物质或放射性同位素（经常使用磷32）标记已知碱基序列的DNA单链，再将它和经

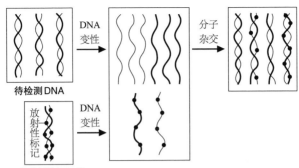

将待检测DNA和有放射性标记（用黑点表示）的DNA探针变性并混合，使其进行分子杂交。如果被检测DNA中存在与探针对应的碱基序列，就会产生具有放射性的双链DNA。

图2-4 分子杂交技术

DNA变性过程解离成单链的待检测未知DNA混合，进行分子杂交。如果被标记的已知DNA单链与待检测的DNA序列互补，它们就可以杂交形成双链。于是，只要检测有标记的DNA是否形成了双链，就可以知道被检测样品中是否存在特定的碱基序列（图2-5）。

在这样的杂交反应中，外部添加的已知序列的标记DNA被称为"探针"。探针杂交反应被广泛应用于克隆和mRNA表达分析。例如，如果将包含整个基因组的许多短序列片段做成固定化的探针，与荧光标记的一个细胞的全mRNA进行分子杂交，就可以知道这个细胞中表达了哪些基因（DNA微阵列技术）。

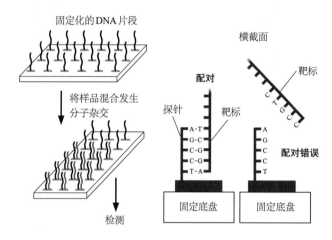

图 2-5   使用探针的分子杂交（DNA微阵列技术）

8. 解开遗传密码之谜

遗传密码是以由3个碱基构成的"单词"为基础构建的，单词之间连续排列。所以，序列中哪怕只缺少了一个碱基，所有后续密码也都将被打乱，可能引发重大的遗传性疾病。

沃森和克里克提出DNA双螺旋结构后，"由这4种碱基排列而成的遗传语言（密码）究竟是什么"成为很多研究者关注的焦点问题。

DNA双螺旋结构的提出者克里克从纯理论角度出发，推测遗传密码的"单词"（基本单位）应该是由3个碱基排列而成的。他的理由是：用4种碱基中的3个进行排列，可以组成64个不同的单词；而如果只用其中2个碱基进行排列，就只能产生16个单词。

自然界中已知的氨基酸有20种，因此决定蛋白质结构的遗传密码至少要能够决定20种氨基酸的序列。为此，至少需要20个以上的单词。

　　仅凭遗传密码以3个碱基的排列为基本单位这一事实，还不足以理解遗传信息。遗传密码的语法是怎样的，还是一个大问题。单词之间是没有间断、连续排列的，还是存在无意义的间隔？64个单词是否都被使用呢？还有各种各样的问题存在。

　　因此，在20世纪生物学的所有问题中，遗传密码的确定成为最能激发研究者竞争心理、最令人激动的课题之一。大家都知道，如果能解决这个重要的问题，生物学将会迎来迅猛发展，而问题的解决者也将获得巨大荣誉。在这样的激励下，很多研究者都参与了这场激烈的竞争。

　　在围绕破解遗传密码而发生的激烈竞争中，因发现RNA聚合酶而获得诺贝尔奖的塞韦罗·奥乔亚[①]团队和刚刚崭露头角的马歇尔·W.尼伦伯格团队之间的竞争最为有名。我在美国国立卫生研究院留学时代的恩师P.莱德博士是尼伦伯格研究室的核心成员，所以我有幸听他讲述过关于这场竞争的许多逸闻趣事。

　　在这场竞争中，两个团队都试图寻找氨基酸和核苷酸密码之间的对应关系，而团队之间的决定性差异是选择了不同

---

① 奥乔亚获得1959年诺贝尔生理学或医学奖，是因为他阐明了RNA生物合成机制，但当时他发现的酶后来被证实是核糖核酸酶（催化RNA中磷酸二酯键水解），并非RNA聚合酶。——编者注

的方法。获得胜利的莱德–尼伦伯格团队采用了非常简洁明快的方法，即测定化学合成的、具有特定序列的三碱基聚合物是否能够与tRNA–氨基酸复合体相互结合，由此来解读密码。奥乔亚博士团队则采用了更复杂的方法（合成含有不同碱基混合比例的RNA，并将其翻译为蛋白质，通过分析蛋白质中的氨基酸种类，来推测哪个碱基序列对应哪种氨基酸），因而在解析结果上耽误了时间，没能快速得出结论。

三联体密码的发现

这场激烈竞争的结果是，我们终于确定遗传密码（密码子）是以3个碱基的排列（三联体）为单位与氨基酸对应的，64个单词全部被使用。其中一个单词（ATG序列）是蛋白质合成的开始信号，终止信号则有3种。三联体之间没有间隔，以3个碱基为单位，遗传信息被连续地写出。此外，一个氨基酸可以对应多个三联体密码（表2–1、图2–6）。

遗传密码是按以3个碱基为单位的框架连续写出的，依此可以推测，如果遗传基因中缺少或插入了1个碱基，就会导致整个蛋白质结构发生重大变异。实际上，我们现在已经知道，可以用一些被称为"诱变剂"的物质向生物体中引入这类移码突变，名为吖啶橙的色素分子就是其中比较著名的一种诱变剂。另外，因缺少1个碱基而引发的遗传病屡有报道。科学研究已经证实，大部分致癌物质都是直接或间接改变遗传密码的所谓诱变物质。

表2-1　遗传密码（三联体密码）示例

密码子	氨基酸
AAA	赖氨酸
AAG	赖氨酸
AUG	甲硫氨酸
GGC	甘氨酸
UCC	丝氨酸
AUC	异亮氨酸
UAA	—（终止密码）

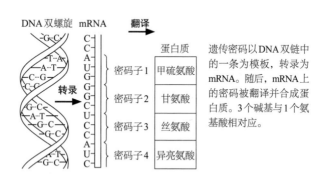

遗传密码以DNA双链中的一条为模板，转录为mRNA。随后，mRNA上的密码被翻译并合成蛋白质。3个碱基与1个氨基酸相对应。

图2-6　遗传密码的传递

9. 基因是一件木片拼花工艺品吗？

人类基因中存在没有意义的内含子（间隔序列）。内含子的起源可能是，在基因进化过程中，多个具有独立功能的短序列连接在一起，形成具有更复杂功能的基因，就像制作一件木片拼花工艺品[1]一样，在此过程中，被插入基因中的连接部分就成为新基因中的内含子。基因中间能够存在内含子，是因为在表达过程中存在"剪接"机制，可以去除RNA中的内含子部分。

遗传密码首先是在大肠杆菌中阐明的，但人们很快发现，即使是在高等生物中，所使用的语言也基本相同。由此可知，从微生物到人类这样的高等生物，生命的设计图都是按照相同的标准绘制而成的，这也明确地证明了生命在进化过程中的连续性。

---

[1] 木片拼花工艺品：日文为"寄木细工"，是一种日本传统手工艺品，由许多小木片拼接而成。——译者注

因此，人们曾经认为高等生物的基因和大肠杆菌的基因一样，是连续的碱基序列。但是，在20世纪70年代末基因工程学建立时，高等生物的基因不断得到分离，基因结构的详细情况陆续公开，一个很多人都未曾预料到的发现浮出水面。

那就是高等生物的基因中，在最终被表达为蛋白质的区域（编码序列）中间，插入了一些似乎与其功能毫无关系的序列（间隔序列）。间隔序列被称为内含子，编码序列则被称为外显子。此外，外显子中也包含一些不会翻译成蛋白质的区域，这些区域被称为5′非翻译区和3′非翻译区，它们参与基因的表达调控。

内含子几乎存在于所有高等生物的基因中，只有组蛋白基因（见第6节）等极少数例外。从酵母菌等低等生物到动植物，所有真核细胞的基因中都存在内含子。一个基因中常常含有多个内含子，甚至可多达几十个，因此可以说基因被内含子分割得七零八落。

1977年，研究者在引起感冒等症状的腺病毒的基因中首次发现了内含子。不久之后，人们在血红蛋白基因、免疫球蛋白基因等几乎所有得到分离的基因中都发现了内含子。如前所述，内含子被认为几乎不含有与蛋白质表达相关的直接信息。那么，为什么这些无用的碱基序列会挤进基因中呢？

内含子是基因进化过程中本来就有的，还是之后才插入的？微生物基因中不存在的内含子，却出现在高等生物的基因中，它的起源究竟是什么，这是一个非常有趣的问题。

要通过实验来直接回答这个疑问是非常困难的，因为几乎不可能在实验室中直接重现漫长的进化历史。但是，通过分析和对比不同基因的结构，可以得出某些合理的推论。

在内含子被发现之后，沃特·吉尔伯特立即进行了极其敏锐的观察，并提出了很有吸引力的假说。

吉尔伯特认为，我们今天看到的内含子可能是在高等生物基因不断进化的过程中被引入的，是原本位于原始基因周围的碱基序列。

在进化过程中，内含子将两端被切断般的长度较短的外显子彼此连接，或者通过重组使原本不相邻的外显子相互靠近，从而产生由几个不同外显子连接而成的新基因，这可能就是高等生物基因的诞生过程。在这个过程中，外显子和外显子之间残留着被引入的周围的碱基序列，或许就成了今天的内含子，这就是吉尔伯特的假说（图2-7）。

随后的许多研究表明，这种假说在原则上是基本正确的。一个基因就像木片拼花工艺品那样，由分担各部分功能的单位组合而成，整体来看，可以认为它已经进化成为与之前功能完全不同的新基因。

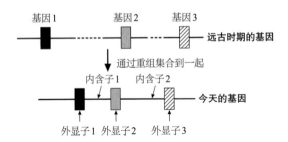

在远古时期拥有独立功能的3个基因（基因1、基因2、基因3）通过DNA重组集合在一起，形成了具有新功能的今天的基因。今天的基因中的外显子是远古时期独立基因的残留，内含子则是基因融合过程中引入的周围的DNA。

图2-7　吉尔伯特的假说：基因是外显子的集合体

例如，参与胆固醇输送的LDL（低密度脂蛋白）受体的一部分外显子，和EGF（表皮生长因子）基因非常相似。此外，在免疫球蛋白的抗体重链（抗体由重链和轻链各两条组成，重链又称H链）的恒定区中，存在4个被称为"结构域"的结构和功能重复单元。这4个结构域分别由1个外显子编码，4个外显子之间则由插入的内含子分割。反过来想，原始的基因或许只有一个结构域。事实上，免疫球蛋白的抗体轻链（L链）的恒定区基因就只有一个结构域。我们可以认为，这个结构域不断复制，最终进化成拥有多个结构域并能发挥更高阶功能的基因。

进一步说，是不是还有这样一种可能：原始的生命体中曾经都有内含子，但微生物为了提高DNA复制的速度，逐渐舍弃了无用的内含子，结果才形成了今天这样结构简单的基因？

　　这样看来，在高等生物基因的结构中，或许隐藏着许多秘密，让我们能够一窥基因诞生的完整而悠久的历史。

10. 基因组中的未知信息

在64亿个碱基中，究竟有多少真正具备设计图的功能呢？直到最近，研究人员一直认为，如果以决定蛋白质结构的基因来计算，这个比例充其量也就大约10%。但是，人们最近发现基因组中的许多部分都可以被转录成大量的RNA，而这些RNA参与基因表达的调节。基因组中还包含着未知信息，这已是不言自明的事实。

基因可以被定义为具有某种功能的遗传信息的单位。这里所说的某种功能，一般是指决定某种蛋白质或RNA的结构。如上所述，基因是由外显子和内含子组成的。在外显子的上游（转录开始的位置之前）、下游（转录结束的位置之后）和内含子中，还存在调控基因转录、翻译等表达活动的控制序列。

控制序列可以识别出由其他基因传递的调节分子，从而决定这个基因应该在何时何地表达。另外，在转录结束位置的下游，还存在一个标示该基因单元终止位置的区域。所有的控制序列、外显子和内含子合在一起，就形成了一个完整的遗传信息的单位，也就是基因。

在人类细胞内长达两米的DNA，也就是基因组中，基因所占的区域非常小。

以我们研究的小鼠免疫球蛋白基因为例，在包含20万个碱基对的区域中存在9个免疫球蛋白基因。包括内含子在内，1个基因的长度大约为2 500个碱基对，因此基因在该区域DNA中的占比只有大约1/10。

曾就职于希望之城研究所（国际癌症研究与治疗中心）的已故遗传学家大野乾曾经说："基因犹如沙漠中零星散布的绿洲。"在基因的详细结构得到揭示之前，我们很难接受人这种高等生物的DNA中存在着无用的区域。这个问题令许多遗传学家深感困扰，因为许多人坚信"上帝不会制造无用的东西"。

但是，大野乾很早就指出，DNA的大部分是"垃圾"这一事实，说明自然界中存在很多无用的要素。

设计图的留白

如果认为所有的DNA都是遗传信息，而细胞所拥有的大量DNA是生命体复杂功能的必要信息，就会引发各种矛盾。

例如，如表2–2中所示，肺鱼或蝾螈拥有大量DNA，数量是人类的10倍以上。我们今天清楚地知道，爬行类或两栖类动物所拥有的大部分DNA，恐怕都是无意义的简单碱基序列的不断重复。如果我们确信人类是最高等的生物，并且生命中没有无用之物，就很难对我们的基因组做出不相互矛盾的解释。

表 2-2   不同物种的DNA含量

物种	DNA含量 （10^{-12} 克／细胞）	以人为单位 1 的 相对DNA含量
T2噬菌体	0.000 2	0.000 034
大肠杆菌	0.004 7	0.000 81
酵母菌	0.043	0.007 4
眼虫	2.52	0.43
海蜇	0.66	0.11
海胆	1.4	0.24
果蝇	0.33	0.057
螃蟹	1.98	0.34
青鱼	13.7	2.36
鳟鱼	4.9	0.84
肺鱼	247.8	42.7
青蛙	15.6	2.69
蝾螈	90.0	15.51
鸡	2.4	0.41
小鼠	6.0	1.03
人	5.8	1.0

注：表中除噬菌体、大肠杆菌、酵母菌、眼虫外，均为二倍体。

在大肠杆菌等微生物的基因组中，基本没有无用之物，也没有内含子，基因和基因之间被设计得十分紧凑，就像人群拥挤时脚跟挨着脚跟一样。或许正因为如此，它们才能用只有人类基因组千分之一大小的基因组，保存着生命所需的最低限度的信息。像微生物这样的原核生物，大概是通过缩小基因组来尽可能地缩短细胞分裂所需要的时间，因为只有能够快速增殖的生物才能在生存竞争中存活。

而在真核生物中，可能是因为繁衍子孙所需的时间比较长，所以细胞的快速分裂并不是那么重要的事。或者说，对真核生物来说，通过改变外显子的连接方式、制造重复基因、以转座方式改变基因在染色体上的位置等方式，实现对设计图的大幅度修改并逐渐获得高阶功能，才是最重要的。

毋庸置疑，这样的设计图变更需要大量的留白。乍看起来，内含子或者基因之间无意义的DNA都是没有存在价值的，但实际上，也许这些"留白"正是高等动物进化中不可缺少的部分，是生命向未来发展的保证。

被转录的"垃圾"

就在最近，又有了令人意想不到的发现。研究者对细胞中表达的RNA进行了广泛的测序分析，发现基因组中许多被认为无用的DNA区域，都被转录成了RNA。其中最特别的，是一类分子量相对较小（20~30个碱基）、被称为"微RNA"的RNA。人体中的微RNA多达成百上千种，人们已经确定，它们参与了对mRNA翻译和转录的调控（图2–8）。

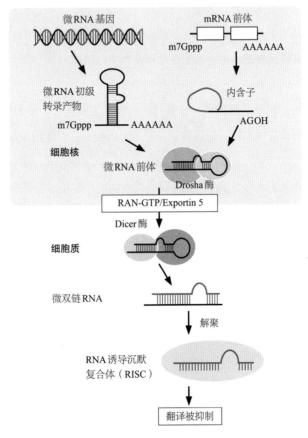

图 2-8　微RNA的合成和功能

资料来源：BONAC CORPORATION。

这些RNA是由被称作内含子的DNA区域转录而来的。显然，我们的基因组中还沉睡着很多隐藏的信息。通过对基因组的全碱基序列测定，我们以为自己得到了记载着全城所有电话号码的电话簿，但实际上，这本电话簿中可能压根儿没有登记人们的手机号。要想解开基因组之谜，我们还有很长的路要走。

11. 转录：从DNA到mRNA

刻录在DNA上的遗传信息，首先被复制到同为核酸的RNA中。此后会进行剪接，将DNA的复制品中不会转化成蛋白质的内含子部分去除，从而产生mRNA。研究表明，剪接是在RNA本身的催化下发生的，由此可以推测，RNA可能是兼具遗传物质和催化剂功能的、原始生命体的基因组成分。

DNA双链中，通常只有一条链中的信息是有意义的。因此，可以用DNA的一条链作为模板，将遗传信息转移到RNA中，这个过程被称为"转录"。RNA的结构与DNA基本相同。区别在于RNA中以U（尿嘧啶）代替了T（胸腺嘧啶），并且RNA中的糖不是脱氧核糖，而是多含一个氧原子的核糖。所以，所谓的转录就是把DNA中的遗传信息复制到材质稍有不同的"磁带"上。

复制开始于由控制序列决定的起始位点（位于基因的上游），不分外显子、内含子，连续进行，在终止位点（位于基因的下游）停止。在副本的合成过程中，合适的RNA碱基与DNA模板结合，形成A和T（U）、G和C的碱基对，与此同时，在RNA聚合酶的作用下，碱基依次相连，形成RNA链。

复制进程中，还同时进行着对磁带的"编辑"，以去除遗传信息中无意义的内含子。这是一项极其烦琐的工作，因为一份遗传信息可以用于制作成千上万的副本。制作每一个副本时，都必须以最快的速度，用剪刀和胶水把信息重新连接，制作成有用的"磁带"。制作完成的有用"磁带"被称为mRNA。接下来，mRNA又从细胞核被输送到细胞质，并被翻译成蛋白质（如图2-9所示）。

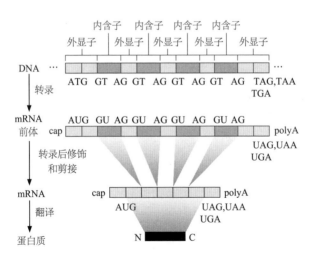

图 2-9　遗传信息的转录和剪接机制

　　自发现内含子以来，"遗传信息中无意义的内含子究竟是如何被彻底去除的"这一问题，就成为一个吸引众多研究人员的有趣谜题。在去除内含子的过程中，哪怕只有一个碱基发生了偏移，好不容易才复制得到的RNA就会被全盘毁掉。因此，剪接过程必须极为精确。

　　如果在黏合起来的部位存在遵循一定法则的碱基序列，剪接过程就比较容易理解了。但是到今天为止，虽然我们已经对许多基因的结构有所了解，却还是没有发现任何通用的剪接识别序列，我们仅发现内含子的上游总有一个GT序列，而下游则存在一个AG序列。

　　最近的研究表明，执行RNA编辑（剪接）的分子机构是由RNA和蛋白质构成的极其复杂的复合体。值得指出的是，在转录形成的内含子中，隐藏着方便进行剪接的构造；而在执行剪接的蛋白质和RNA复合体（剪接体）中，实际进行RNA切割的是RNA分子。这说明RNA既是信息载体，同时也是具有催化功能的分子。这些具有催化功能的RNA被命名为核糖酶，这个发现也成为"兼具信息存储和催化功能的RNA是远古生命的遗传物质"这一假说的依据。

　　在生命诞生之初，究竟是先有遗传信息还是先有催化剂？对于这一长期争论，我们终于可以用一个答案来终结，即兼备两者功能的RNA是原始生命体的基因组。今天，大部分生物的遗传物质都是DNA，但据推测，在远古时代，以RNA为遗传物质的生物可能才是主流。也许由于RNA在化学上不稳定，它最终被DNA所取代。

要将最初的复制产物加工成mRNA，除了剪接之外还需要一些修饰。例如，要在RNA的头部戴上"帽子"（cap，帽状结构），还要在它的下游接上由连续数十个A组成的"尾巴"（多腺苷酸，poly A）。这样的修饰可以使mRNA的寿命更长，也是下一步的翻译能够高效进行的必要保证。

12. 翻译：从 mRNA 到蛋白质

　　遗传信息是以碱基序列编写的，要将其翻译成具有生理功能的蛋白质，就必须将碱基序列转化为由20种氨基酸组成的蛋白质序列。我们已经知道，在这一信息翻译过程中执行氨基酸连接反应的也是RNA分子，这进一步证明远古生命的进化可能是以RNA为中心进行的。

　　如前所述，遗传信息由4种碱基形成，每3个排列成一个单词。这些信息首先被转录为mRNA。接下来，为了最终形成具有功能性的蛋白质，遗传信息还要发生质变，也就是说，必须将碱基序列翻译成氨基酸序列。

　　正如计算机中的信息转换需要接口那样，要完成遗传信息的质变，生命体也需要"适配器"。扮演适配器角色的，是一端以碱基序列（被称为"反密码子"）与遗传密码三联体互补配对、另一端与氨基酸相连的一类RNA分子，这类RNA被称为tRNA。tRNA相对较小，由大约90个核苷酸连

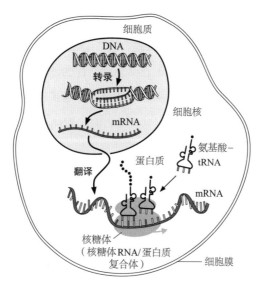

DNA中的遗传信息首先转录为mRNA。mRNA被从细胞核输送到细胞质，在核糖体的作用下翻译成蛋白质。mRNA上的密码子与氨基酸-tRNA上的反密码子相对应，将碱基序列转换成氨基酸序列。

图2-10 细胞内的蛋白质合成过程

资料来源：美国国立人类基因组研究所。

接而成。每一个密码子都对应一个tRNA，但终止密码没有对应的tRNA。

一种名为核糖体的复杂装置可以将mRNA与氨基酸相互对应，将氨基酸按密码排列并连接起来。核糖体是一种非常大的颗粒，由3种RNA和约70种蛋白质结合而成。

核糖体颗粒可以作为酶，催化氨基酸和氨基酸之间形成肽键；也可以依据mRNA序列，将新的氨基酸–tRNA复合物与连接中的氨基酸–tRNA复合物按正确顺序不断排列。有趣的是，具有使氨基酸相互结合的活性的，是核糖体中的RNA分子。前面已经提到，RNA分子在剪接过程中也具有催化活性，由此可以看出，在远古时代RNA很可能是生命活动的基本物质。

接下来，按照上述步骤合成的氨基酸聚合物（多肽）被立体折叠为最稳定的形态，就形成了蛋白质。大部分蛋白质都是在细胞内工作的酶，此外也有肌动蛋白等帮助维持细胞结构的蛋白质，或者作为激素或抗体被分泌到细胞外的蛋白质。

在被分泌到细胞外的蛋白质中，存在一个由大约20个具有疏水性（与水互相排斥）的氨基酸连续组成的被称为"信号肽"的区域，这个部分可以作为先导，引导蛋白质通过富含脂质的细胞膜，从而分泌到细胞之外。而一部分露在细胞外、另一部分保留在细胞内的受体蛋白中，除信号肽以外，还有另一个跨越细胞膜的疏水性区域，也就是跨膜结构域。

分泌蛋白经常要接受一些"修饰"，例如，它们会在高尔基体中被接上糖链，或者形成由多个蛋白质结合而成的大分子。与此相反，在许多其他例子中，蛋白质要在特定部位

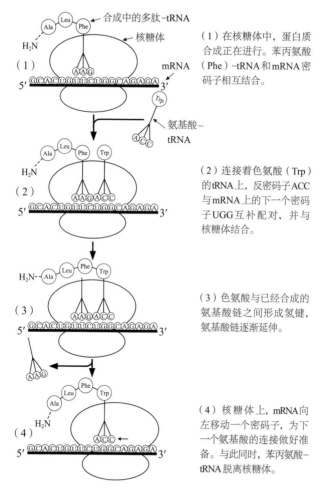

（1）在核糖体中，蛋白质合成正在进行。苯丙氨酸（Phe）-tRNA和mRNA密码子相互结合。

（2）连接着色氨酸（Trp）的tRNA上，反密码子ACC与mRNA上的下一个密码子UGG互补配对，并与核糖体结合。

（3）色氨酸与已经合成的氨基酸链之间形成氢键，氨基酸链逐渐延伸。

（4）核糖体上，mRNA向左移动一个密码子，为下一个氨基酸的连接做好准备。与此同时，苯丙氨酸-tRNA脱离核糖体。

图 2-11　遗传信息的翻译机制

被切断，才能发挥功能。例如，胰岛素就是由一条多肽切割产生A链和B链，才成为真正的激素的。

如上所述，发生在细胞核中的转录以及剪接等RNA修饰过程，再加上随后在细胞质中进行的翻译和后续蛋白质修饰，构成了遗传信息表达的完整流程。

对于遗传信息表达的调节，常常是在转录阶段进行的，但也会发生在翻译阶段。近年来的研究表明，微RNA可以与mRNA结合，从而抑制或者促进翻译。针对这一机制的研究，也成为当前生命科学的核心课题之一（参见第10节）。

13. 突变：复制错误是进化之母

　　基因组信息需要准确地传给后代，但如果复制过程中完全没有错误，远古时代的生物是会保持原样繁衍至今，还是会因无法适应环境变化而早已灭绝呢？如果我们意识到基因复制中发生的错误其实是进化的原动力，就一定能真切地感受到生物的灵活性。

　　生命体要想自我复制，就需要复制出基因组的副本。DNA的结构是两条链互为"铸模"，因此很容易复制。DNA链中由糖和磷酸构成的骨架是有方向性的（$5'\rightarrow3'$或$3'\rightarrow5'$），两条链以相反的方向彼此结合。

　　复制过程中，DNA的两条链像拉开拉链一样彼此分开，同时分别以自己为模板，合成与自身互补配对的新链，从而制造出两组双链DNA。复制得到的两条双链中，各有一条单链是新合成的。DNA复制是一系列极其复杂的化学反应，参与其中的酶达20多种。其中最重要的一种酶是DNA聚合酶，它通常只能沿$5'\rightarrow3'$方向连接核苷酸，并使新链逐渐延长。

　　但是就像刚才所说，两条链是沿着相反方向相互结合的。要复制DNA，就需要沿着相反方向合成两条新链。如果DNA聚合酶只能沿一个方向工作，那么它似乎无法完成双链的复制。在距今50年前[①]，如何合成反向链是分子生物学中的一大谜题。

　　当时，名古屋大学分子生物学研究所的冈崎令治先生（已故）对这个问题发起了挑战，并提出了一个很好的答案。他从发现DNA聚合酶的阿瑟·科恩伯格研究室回国后，在科研经费极其缺乏、研究设施极不完善的情况下，成功证明在其中一条链上，DNA的复制是不连续的。

冈崎片段

　　在DNA双链中，有一条是在解开模板双链的同时被连续复制的。但是，反向聚合链与此不同，在原有双链已经解开的区域中，DNA聚合酶沿着与双链解开方向相反的方向前进，合成出一段较短的DNA；当双链进一步解开时，又在新解开的部分合成另一条DNA短片段；随后，多条DNA短片段连接在一起，成为完整的DNA链。这些临时存在的DNA片

---

① 原书出版于2013年，此处"距今50年"以当时计，约在20世纪60年代。——编者注

段，以冈崎令治的名字命名为"冈崎片段"（如图2-12所示）。

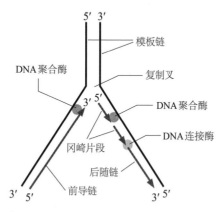

DNA聚合酶只能沿5'→3'方向合成DNA。前导链可以连续合成，而方向相反的后随链则先合成多条不连续的DNA短片段，再通过连接酶连接成DNA长链。

图 2-12 冈崎片段与DNA不连续复制

对基因组的复制来说，合成正确的副本是最重要的，因为如果设计图出错，就可能危及后代的生命。但是，如果父母向子女传递遗传信息的过程总是完美无缺、绝对正确的，我们人类可能就不会出现在地球上了。归根结底，从最初诞生于地球上的原始生命开始，生命的设计图就不断发生着变化，于是才能不断出现新的生命形态，逐渐进化为今天的生物界。这一过程之所以能够发生，原因之一就是在基因复制过程中，会以一定频率发生突变。

所谓突变，是指基因的碱基序列因各种原因而发生改变。众所周知，催化DNA复制的DNA聚合酶本身就有一定的犯错概率，自然界不存在完美无缺的东西。

顺便说一下，随着温度上升，复制出错的频率也会上升。所以有一种流行的说法认为，产生男性生殖细胞的器官中装配有非常精巧的"散热器"，以便尽量降低温度。

引入突变的另一条途径发生在DNA修复过程中。DNA会出于各种原因受到损伤：在自然界中，经常被宇宙射线等放射线照射会导致碱基发生化学变化；许多为人熟知的致癌物质也都会对DNA碱基进行修饰。这些化学变化是对基因组信息的损伤，因此，细胞必须尽快对它们进行修复。

不幸的是，因为修复机构要在最短的时间内完成紧急修复，所以它比复制机构更容易出错。如果突变发生在生殖细胞中，这些突变就会被传递给后代。如果突变对生命无害，那么这种突变基因有可能扩散到该物种的更多个体中，从而成为进化的原动力之一。特别是，如果某种突变产生了更适应特定环境或环境变化的性状，根据达尔文的理论，该性状将会在该物种的个体间被广泛传播与共享。遗憾的是，我们现在还不清楚产生新物种所需的变异规模有多大，对选择机制的理解也十分有限。

14. 兄弟为什么会不一样?

兄弟之所以不同,当然是因为他们的基因组天生不同。这种基因组的差异,源自精子或卵子形成过程中父母的染色体之间的重新组合,以及由染色体交叉重组引入的基因动态变化。人们认为,这些重组过程对生命的进化至关重要。

很多人会有这样的疑问:明明是同一对父母所生,为什么哥哥和弟弟的外貌或性格会不一样呢? 原因不言自明,这是因为兄弟各自拥有的基因组不同,其原理隐藏在有性生殖的机制之中。

生物自我复制以繁衍后代的方式有两种:无性生殖和有性生殖。无性生殖是像细菌那样,通过细胞分裂产生和自己相同的生命体,使种群数量不断增加。而有性生殖中的生殖细胞不像体细胞一样拥有2套染色体,而是只含有1套染色体;之后再通过受精作用,产生带有2套染色体的新个体,增加后代的数量。像人类这样的高等生物只进行有性生殖,但也有些物种——比如酵母，既能进行无性生殖，也能进行有性生殖。

具有雌雄之分，对于生物来说意味着什么呢？假设某个个体中发生了可以表达为极为有利的性状的基因突变，在无性生殖的情况下，该个体通过分裂繁衍出更多后代，从而将该性状在种群中传播开来。

然而，在有性生殖的情况下，这个个体可以和不同的异性进行交配，于是这个有利的基因有可能与种群中其他有利基因相互组合。也就是说，有性生殖可以将群体中独立产生的各个基因组合在一起，因此是一种有助于基因"混合"的生殖方式。

为了产生生殖细胞，从父母双方得到的23对染色体（二倍体）首先进行复制，暂时成为四倍体，之后再通过两次减数分裂，成为单倍体（具有23条染色体）的4个精细胞（或者1个卵细胞）。来自父母的23对染色体之间存在差异，但在此过程中，它们会被无差别地分配到生殖细胞中，所以一个个体可以产生2^{23}（约800万）种不同的生殖细胞。但是，如果有性生殖中的基因重组仅限于染色体组合的改变，它的效率不会如此之高。

基因在染色体上按一定顺序排列。A基因的旁边是B，B基因的旁边是C，可以看出DNA上各基因的位置关系是明确的。然而，DNA常常会发生重组。在产生生殖细胞的第一次减数分裂过程中，分别来自父亲和母亲的一对同源染色体之间会发生交叉重组。也就是说，两条DNA相同位置上的基因会发生互换（如图2-13所示）。

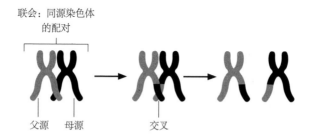

图 2-13　减数分裂期间，同源染色体之间发生交叉重组

父源染色体（DNA）和母源染色体（DNA）几乎相同，但也存在细微差别。这是因为每个人的基因都不相同。当分别来自父母的同源染色体之间发生重组（同源重组）时，来自母亲的基因A—B，和来自父亲的基因a—b互相交换，就会形成A—b（或a—B）的基因组合。

排列在同一染色体上的两个基因之间会以一定的概率发生重组。二者之间距离越近，它们一同被遗传给后代的概率就越高；距离越远，它们互相分开、独立遗传给后代的概率就越高。

所以，根据重组频率的不同，我们就可以推测出两个基

因在染色体上的距离。利用这一点，摩尔根成功地描述了果
蝇染色体上各个基因的位置关系。直到几十年前，这种确立
于20世纪初的经典分析方法仍是遗传学研究中最基本的方法
之一。

减数分裂中同源重组的作用

产生生殖细胞的过程中，染色体之间会发生重组，这会
给生命体带来什么好处呢？

假设某个个体发生了对生存非常有利的突变，我们把
这个突变基因叫作A基因。但遗憾的是，在带有A基因的染
色体上，还有一个对生存不利的B基因。如果没有染色体重
组，那么这个好不容易产生的A基因，将会永远和不利的B
基因捆绑在一起，共同传给后代。于是，这个有利的性状可
能无法在生物界中得到充分发挥，甚至有可能随着不利的B
基因被逐渐淘汰，最终消失。

但是通过重组，A基因可以独立于B基因，与拥有各种
其他性状的同源染色体进行互换，使有利的性状非常有效地
在种群中传播和扩散。不难想象，在人类生命设计图逐渐形
成的过程中，这种基因的动态变化一定是非常重要的。

15. 细胞核外也有基因

在我们的细胞中，残留着远古时代潜入其中的微生物痕迹。线粒体和叶绿体拥有自己的基因组，可以半独立地进行分裂，在细胞中产生后代。

人类等真核生物的基因组以染色体的形式存在于细胞核中。但是，染色体以外也有遗传信息。例如，细胞内负责呼吸功能的线粒体和进行植物光合作用的叶绿体，都拥有自己的DNA。线粒体和叶绿体中都有自己的蛋白质合成系统，可以合成各自细胞器中特有的蛋白质，例如线粒体呼吸作用中的氧化酶（细胞色素氧化酶）或叶绿体中的碳水化合物合成酶（核酮糖-1, 5-双磷酸羧化酶），而存在于这些细胞器中的DNA可以编码上述蛋白质，以及合成它们所需的rRNA、tRNA等。

这些细胞器可以独立于细胞进行自我复制，在此过程中，其中的DNA也被复制并传给子代细胞器（图2-14）。也就是说，它们虽然是依赖细胞而存在的寄生体，但仍然具有一定程度的自我复制能力。因此有人认为，线粒体等细胞器可能是由远古时期感染真核生物的寄生物演变而成的细胞内寄生体。这种假说得到了DNA碱基序列比较结果的支持，因而已经被人们广泛接受。

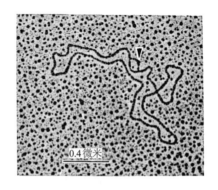

0.4微米

图2-14　线粒体DNA的电子显微镜照片（从箭头所示位置开始进行DNA复制）

资料来源：由京都大学理学部山岸秀夫博士提供。

在高等生物中，卵细胞通常都很大，并含有大量的线粒体或叶绿体，但精子常常不含细胞器，只向受精卵提供细胞核。因此，细胞器的DNA一定是由母亲传给后代的。这个现象被称为"母系遗传"或"细胞质遗传"。从遗传学角度来说，可以认为女性对后代的影响更大。

病毒和质粒

病毒并不是都存在于细胞核之外，但它也可以独立于染色体进行基因组复制，因此可以说，病毒也是核外基因。病毒有各种类型，从基因的角度来看，有些以DNA为遗传物质，而另一些以RNA为遗传物质。与线粒体DNA一样，病毒的基因组也很小，仅具有编码增殖所需的蛋白质及病毒包膜蛋白的少量基因。

被称为"逆转录病毒"的RNA病毒，会在被感染的细胞内由RNA转化为DNA，并整合进入宿主细胞的染色体中。于是，部分病毒基因会随宿主细胞分裂而传给后代细胞，成为内源性病毒。

有些病毒在细胞核中增殖，有些病毒在细胞质中增殖。有些病毒会杀死被感染的细胞；有些病毒像逆转录病毒一样，可以与细胞和平共存。

微生物界还存在一种被称为"质粒"的染色体外DNA。除DNA复制起始信息外，质粒中几乎不含其他微生物必需的遗传信息。因此可以说，质粒是最彻底的、仅为增殖而存在的DNA形式。然而，质粒中也经常会存在一些对微生物有用的基因，例如耐药基因和性别决定基因（参照第17节和第25节）。质粒可以独立于微生物，在微生物细胞内进行独立增殖，但质粒的复制也不是无限的，在自然状态下，单个细胞中的质粒数量会稳定在某个上限之内（常为几个到几十个）。

感染微生物的病毒被称为"噬菌体"。噬菌体的遗传信息也像病毒一样，只包含必要的有限信息。感染微生物后，有些噬菌体会杀死宿主，也有些会进入宿主基因组中，寄生于宿主体内进行增殖。

第三章

基因工程技术

随着分子细胞遗传学的发展，名为基因工程的革命性技术应运而生。

　　我希望在这一章中对这些技术进行略微详细的解说，让大家了解基因工程的意义、影响，以及它的局限性。

　　特别要注意的是，基因工程技术不只来源于生命科学本身，它是自然科学各领域知识的综合产物。

16. 编辑基因组信息

　　利用基因工程技术，人类可以对基因组信息（DNA）进行任意的切割、连接，并将其重组为所需的基因形态。这些技术将对生命科学，甚至化学、能源、环境等多个学科产生革命性的影响。

　　所谓基因工程或DNA重组技术，其本质是一种可以自由自在地编辑遗传信息"磁带"的技术。在今天，我们已经可以破译"磁带"的密码，并人工合成遗传信息，也可以将不同的信息连接在一起，产生新的基因。这些技术诞生的基础，是一系列能够在特定位点切割DNA或者连接DNA的酶的发现与提纯。

　　首先是"限制性内切酶"，目前已知的限制性内切酶有数千种。这些酶可以识别特定的由4个或6个碱基构成的DNA序列，并在该位点将其切断。如果被识别的是4碱基序列，那么平均每256（即$4 \times 4 \times 4 \times 4$）个碱基中就会出现1个切割位点。如果被识别的是6碱基序列，那么平均每4 096

个碱基中才会出现1个切割位点。

在切割位点处，限制性内切酶通常不会将两条链平齐切断，而是稍有错位。结果，错位偏移的部分就会成为切割后单链的"黏性末端"。利用这个黏性末端，可以使用"DNA连接酶"，将由相同限制性内切酶切割产生的不同片段连接起来（图3–1）。这就是最早的DNA编辑方法。后来，人们又发现了另一类DNA连接酶，它不一定需要黏性末端，也可以将平齐切断的双链末端相互连接，也就是说，它可以将不同限制性内切酶切割产生的片段相互连接。

此外，还可以使用DNA聚合酶，将DNA的黏性末端补齐为双链，再将补齐后的平齐双链与另一个末端平齐的片段相互连接。由此，我们就可以在切割的片段之间，插入人工化学合成的DNA短片段。

还有一种对基因工程极其重要的酶，叫作"逆转录酶"。它是由霍华德·马丁·特明和戴维·巴尔的摩在1970年发现的。它的发现说明此前被公认的"中心法则"并不是绝对的，遗传信息不仅可以从DNA向RNA单方向流动，也可以从RNA合成出DNA。

这种酶可以用mRNA为模板合成DNA，由此合成的单链DNA被称为"互补DNA"（以下简称为cDNA），可以作为mRNA的模板。

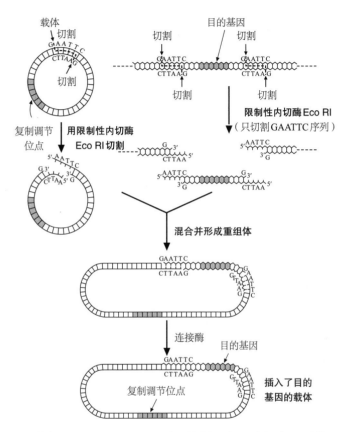

限制性内切酶Eco RI识别GAATTC序列并进行切割。切割后会留下黏性末端，所以不同的切割片段可以结合为重组体。图中显示的是将目的基因插入基因载体的过程。

图3-1 限制性内切酶的应用

　　但是，不稳定的RNA和单链cDNA都无法编辑，因此很难成为基因工程的对象。于是，将cDNA转化为双链DNA，才能实现对基因组中遗传信息的编辑。20世纪70年代初，莱特等人首次提出由mRNA合成cDNA的方法，并将其引入了对高等生物遗传信息之一——血红蛋白（珠蛋白）基因的分析。

　　此外，有一些在基因工程中不可或缺的酶，比如"末端转移酶"。这种酶可以不使用模板，给已有DNA末端中的一条链粘上"胡须"（短的黏性末端）。因为可用以制造黏性末端，末端转移酶在很多场景中都会被用到。

　　前文讲到，DNA聚合酶可以将单链DNA补全为双链DNA。与之相对，DNA水解酶可以分解掉DNA的一部分，使其能与其他DNA相互连接。例如，有一种名为"S1核酸酶"的水解酶只分解单链DNA，所以经常用于检测杂交产物中的双链cDNA或双链DNA中碱基配对错误部位。S1核酸酶的发现者是日本学者安藤忠彦。

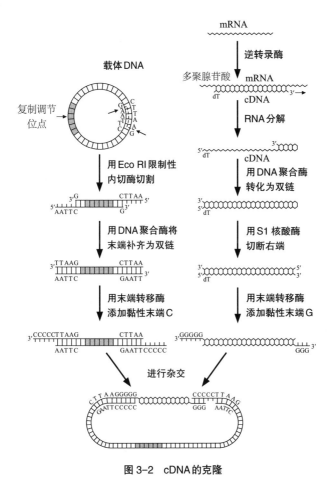

图 3-2 cDNA 的克隆

说明：图示为由 mRNA 合成 cDNA 并将其连接到质粒载体中的过程。

17. 为DNA选择合适的"货车"

从人体中分离出特定DNA，并将其复制为大量的目的基因，这是基因工程的基本操作。因此，用大肠杆菌等细菌来增加人类DNA的数量是非常重要的。

在基因工程的基本技术中，首先要分离出特定的目的基因。为了确认分离成功，需要将基因（DNA）嵌入某个载体中，使其在微生物中增殖，从而增加DNA的数量。通过这种方式形成的具有均一基因序列的核酸、细胞或生物体，被称为克隆。

用于此目的的载体，需要满足几个必要条件。

第一，重要的是这个载体可以自我复制。它必须能够在微生物中作为一个独立的复制单位，开始合成DNA。能否自我复制，通常取决于该载体是否含有启动DNA复制的决定性序列。

第二，在大多数情况下，我们都希望获得尽可能多的目的基因，所以我们希望这种载体能够在宿主细胞中产生尽可能多的拷贝。此外，对于这辆"货车"，我们希望车身尽可能小，而搬运的货物越多越好。所以载体自身分子量越小越好，同时搬运的货物越多越好，也就是能插入载体中的DNA越长越好。

具体来说，如今有很多种可以使用的载体，我们需要根据具体目的来选用合适的类型。

首先，宿主不同，使用的载体也不同。在大肠杆菌中，通常使用名为质粒的环状DNA，或者能够感染大肠杆菌的噬菌体病毒作为载体。

质粒原本就是在大肠杆菌中发现的。最早被发现的质粒是一种寄生在大肠杆菌细胞中，能够编码耐药基因的独立增殖系统。现在经常被用作载体的质粒中，有很多是由一种原本能够合成卵磷脂的质粒改造而来的，卵磷脂是一种细菌之间争夺地盘、互相厮杀时所使用的物质。这些质粒的优点是能够在大肠杆菌中大量复制。

在被用作载体的大肠杆菌噬菌体中，λ噬菌体是常用的一种，它的分子量较小，而且容易增殖。在以酵母菌或枯草杆菌为宿主时，经常会使用由寄生在各宿主中的质粒改造而成的质粒载体。

在以动物细胞为宿主的情况下，我们经常使用病毒作为载体。最常用的是简称为"SV40病毒"的猿猴空泡病毒40。

这种病毒能在大多数哺乳动物细胞中自我复制，并具有很强的转录活性。

在植物细胞中，经常使用的载体是能在植物细胞中活跃复制的"Ti质粒"。无论是在哪种情况下，我们都可以切割或连接这些质粒或噬菌体，按照所需对其进行修饰。

此外，要搬运的是什么样的DNA，也是选择载体的重要因素。例如，要搬运非常短的DNA和搬运长达数万碱基对的"大件物品"，所使用的载体种类会有所不同。

一般来说，搬运较短的DNA时，用质粒就足够了；而搬运较长的DNA时，就要使用噬菌体。由噬菌体改造而成

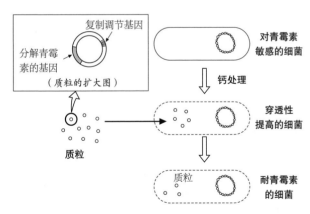

获得含青霉素抗性基因（分解酶）的质粒后，青霉素敏感菌成为可以耐受青霉素的细菌。相反，没有质粒的细菌会被青霉素杀死，可以据此筛选出含有质粒载体的细菌。

图3-3　载体中耐药基因的作用

的"黏粒"兼具噬菌体和质粒二者的性质，可以运载更长的货物。此外，由大肠杆菌F质粒改造而成的"细菌人工染色体"（BAC）能够承载约30万碱基对长度的DNA片段，也是近来常用的载体。

此外，如果载体的使命不仅仅是搬运DNA并使其增殖，还要在宿主细胞中表达所搬运DNA中的遗传信息，并最终合成蛋白质，就需要使用经过相应修饰的质粒。这种载体叫作"表达载体"。

载体的另一个重要性质是要具有某种特征，从而能够轻松地区分出带有载体和不带有载体的宿主细胞。因此，很多载体中都插入了耐药基因。例如，如果大肠杆菌中成功导入了含青霉素耐药基因的质粒（载体），它就能够在添加青霉素的培养基中生长而不被杀死。利用这种方式，就可以筛选出含有目的基因的候选宿主。

18. 将DNA导入细胞

向细菌和人类细胞中高效地导入DNA，可以改变细胞的性质或实现导入DNA的大量扩增。如何使DNA进入受细胞膜保护的细胞，是一项看起来并不起眼却十分重要的技术。

人们很久以前就知道，细菌会以一定的频率吸收DNA。弱毒性的肺炎球菌吸收高毒性肺炎球菌的DNA后，可以转变为高毒性的菌株。这项出现在高中教科书中的转化实验由艾弗里等人进行，正是利用了细菌吸收外源DNA这一现象。但是，这种天然的DNA吸收发生的频率通常非常低，在基因工程中，要使所需的DNA被各种细菌高效吸收，还需要采取各种各样的办法。

最常使用的方法是通过电脉冲在细胞膜上瞬间开孔的电脉冲法，或者钙转染法，即利用高浓度氯化钙溶液处理大肠杆菌，使其细胞膜结构发生改变，从而让高分子DNA易于通过。这些方法通常用于将分子量较小的DNA（如质粒）转入微生物（如大肠杆菌）中。当然，使用噬菌体等能够感染细菌的媒介，也可以将DNA导入微生物中。

另一方面，要让高等生物的细胞吸收DNA，需要完全不同的方法。培养细胞需要具有能够吸收各种异物的性质。特别是覆盖动物皮肤或器官的上皮细胞，以及存在于间充质中的成纤维细胞等，能够很好地吸收细小粒子。因此，将这些细胞与含有DNA和磷酸钙的粒子共沉淀，就能很好地吸收DNA。

除此之外，也可以使用DEAE-葡聚糖（二乙氨乙基葡聚糖）凝胶，它具有很高的电荷密度，可以与DNA形成复合物并将其导入细胞。在另一种方法中，可以用聚乙二醇处理去除细胞壁后暴露出来的大肠杆菌质膜，或者高等生物细胞的细胞膜，从而使大肠杆菌质粒DNA被细胞所吸收。电穿孔法是另一种最近经常使用的方法，该方法瞬时施加数千伏特的高电压，在细胞膜上开一个小孔，细胞在小孔打开的瞬间吸收DNA。此外，还有用细小的玻璃针刺入细胞，在显微镜下注入DNA的显微注射法（如图3-4所示）。

病毒感染宿主后，会将自身基因组送入宿主细胞中进行增殖，因此还可以将所需的DNA与病毒基因组连接，从而帮助所需DNA进入动物细胞。

发展这些将DNA高效导入细胞的技术，目的之一是开发基因转移技术。

从顶部将直径为2微米的针插入受精卵的雄原核中，注入
DNA。下方的玻璃管将受精卵轻轻吸住，进行固定。卵的直
径为70~80微米。细胞中央可见雄原核和雌原核。

图 3-4　用细玻璃管向小鼠受精卵注入DNA

资料来源：照片由熊本大学医学部的山村研一博士友情提供。

基因疗法面临的挑战

今天，基因转移的首选对象是骨髓造血干细胞。造血干细胞可以分化为各种来源于骨髓的血细胞，包括白细胞、红细胞、巨噬细胞、肥大细胞和淋巴细胞等。

对于骨髓来源细胞相关的遗传性疾病，如果明确知道疾病是由特定的基因突变导致的，就可以向干细胞中导入相应的正常基因，例如，对于镰状细胞贫血患者，可以引入正常的血红蛋白基因。如果导入的基因能够在骨髓来源细胞中正常表达并发挥功能，就可以治疗这种遗传病。

如果使用显微注射法，用玻璃针向受精不久的卵细胞中注入基因，再使其发育成胎儿，就可以使胎儿体内的所有细胞都含有注入的基因。这种方法已经在小鼠、牛、猪、羊等动物身上获得了成功（转基因动物）。

这样说来，似乎马上就可以将基因转移技术应用于人体了，但实际上要做到这一步还有很长的路要走。将基因注入细胞，并不意味着万事大吉。如果不能在细胞中正确调控外来基因，这些基因就不能正常表达。为此，必须将外来基因整合到染色体的适当位置上，并将其置于正确的控制机制之下，但是目前还无法预测被导入的基因将会进入染色体的哪个部位。因此，目前我们还不能随心所欲地控制外来基因的表达，能否成功还具有偶然性。

如果不解决这个重要的问题，用于人体的基因疗法就无法成功。人类基因疗法的首次尝试，是在法国进行的对先天性免疫缺陷病的致病基因CD132（细胞因子受体共用链）的修正，我至今记忆犹新的是，几位患者在接受治疗后患上了白血病，这一试验也因此而立即停止。但在此之后，随着载体的改良、对癌症基因表达的监测方法的进步，以及自毁机制的引入等，基因疗法的安全性在显著提高。

19. 测定DNA碱基序列

人类基因组碱基序列解读方法的诞生，使基因工程获得了进一步的飞跃发展。利用这一技术，人们开发出了全自动碱基序列测定装置。随着惊人的技术革新不断出现，其价格也逐年降低，人们认为在不久的将来，完成一个人的全基因组测序将只需花费约 1 000 美元。

DNA重组技术带来的最基础的成果，是可以将含有遗传信息的DNA进行自由重组，以此来分析遗传信息或实现大量生产有用的物质。这些方法得以应用的背景是，随着此前分子生物学基本知识的积累，20世纪70年代初期到中期接连出现了很多新技术。

生命科学的这一系列发展，完全可以说是一场"革命"。一项有待开发的新技术越重要，就越能唤起人们的开发热情。在这样的热情之下，各种新技术接连诞生，不同技术相互组合，又孕育出更加先进的技术，最终形成了今天的DNA重组技术。这些技术中有一些前面已经讲过，包括与核酸的分解、合成、连接相关的很多种酶的发现、提纯和特性分析。特别需要指出的是，用于测定DNA碱基序列的马克萨姆-吉尔伯特法和桑格-库森法，成为遗传信息分析和应用中不可或缺的方法。

马克萨姆-吉尔伯特法和桑格-库森法

马克萨姆-吉尔伯特法的基本原理是，首先在DNA的末端进行标记，然后对4种碱基分别进行选择性的化学切割。只对部分碱基进行修饰，就可以使DNA不被完全切断，而只在部分位置被切割。其结果是DNA只在特定碱基处——比如T（胸腺嘧啶）处——被切断，就会得到一系列从DNA末端到各个T位点为止的长度不等的DNA片段。由于无法检测到末端没有标记的DNA，只要检测从被标记末端到被切断的T位点之间的长度，碱基T所在的位置是从末端开始的第几位就一目了然了（如图3-5所示）。

对4种碱基分别进行上述化学反应，就可以非常简单地知道，从末端开始的第几个位置分别是A、G、C和T。

桑格-库森法同样利用了部分反应。该方法以单链DNA为模板，合成与之互补的单链DNA，但在合成过程中，设法使合成在部分位置停止。结果就是，如果只在A（腺嘌呤）存在的位点中止合成，就会产生一系列从末端到各个A位点

（1）在原始DNA的末端添加放射性的磷酸（³²P）。

（2）通过化学反应，只在T位点以一定的概率进行部分分解，使发生反应的T位点消失。

（3）用凝胶电泳法，将DNA按序列长短顺序区分开来。

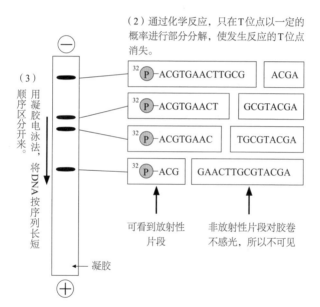

可看到放射性片段

非放射性片段对胶卷不感光，所以不可见

凝胶

（4）根据DNA片段在凝胶中的移动速度，可以知道片段的长度，也就是说，可以知道从末端到各个T位点的长度。如果对四种碱基分别进行这种操作，就可以知道所有碱基的顺序。

图3-5　用马克萨姆-吉尔伯特法测定DNA碱基序列

为止的长度不等的DNA片段。测定这些片段的长度，就能知道特定的碱基（本例中为A）存在于从末端开始的第几个位置（如图3-6所示）。

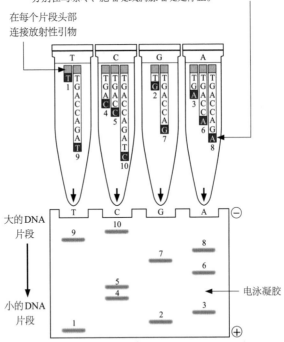

在DNA合成基质中加入一定比例的修饰过的碱基。如果加入被修饰的腺嘌呤，DNA合成就会在腺嘌呤处停止。同样，被修饰过的其他三种碱基可以令DNA合成分别在鸟嘌呤、胞嘧啶或胸腺嘧啶处停止。

图3-6   用桑格–库森法测定DNA碱基序列

资料来源：WestOne Services www.westone.wa.gov.au。

20世纪90年代中期以后，掀起了一场以开发全自动化碱基序列测定方法为目标的技术研发浪潮。在这项技术上获得成功的是由李·胡德等人创办的美国应用生物系统公司（ABI），由ABI研发的昂贵测序仪器以惊人的速度在全世界得到普及。这台机器的原理如下：首先，利用桑格–库森法合成与待测定的DNA片段互补的单链DNA，在反应过程中，将4种碱基分别与不同的荧光色素分子相连，使合成反应在与荧光色素相连的碱基处停止；然后，通过凝胶自动电泳把合成的DNA片段按长度顺序分离，并一次性识别出4种类型的荧光，检测不同荧光出现的顺序，就能自动读出相应的碱基序列。

很快，利用这种机器解读人类全基因组序列的国际竞争拉开了帷幕。由各国政府投资的国际研究团队和独立的私人公司之间展开了激烈的竞争，最终由约翰·克雷格·文特尔领导的私人公司取得了胜利。

在这场竞争中，最关键的技术是信息科学。第一种方法是，将人类基因组片段化，建立含有不同基因片段的细菌克隆群落，并由此构建在统计意义上包含基因组中全部序列的片段群（这个片段群称为基因组文库）。以前文中提到的细菌人工染色体为载体，在20世纪90年代中期，已经可以创建出可靠的基因组文库。使用上述方法，可以将包含细菌人工染色体基因组文库的细菌克隆中的 DNA 片段逐一测序解读。

　　当时，国际研究团队认为这种方法是最为可靠的方法。但是，其中存在一个很大的问题。由于自动仪器一次读取的 DNA 长度最多不超过 1 000 个碱基，因此如何将读取的 DNA 片段排序，重新构建为完整的长串 DNA，是一个技术上的难题。也就是说，要对不同 DNA 片段间相互重叠的序列进行确认，并以此为依据将各个片段连接起来。

　　而文特尔等人的私人团队采用了第二种方法，他们没有构建人类基因组的细菌人工染色体基因组文库，而是尝试从一开始就对基因组进行随机切断，并测定各个片段的碱基序列。他们预测，这样测得的片段之间会有非常多的重复，但可以使用电脑寻找其中的重复部分，利用信息科学的力量，从重叠的信息中重新构建出 DNA 的完整序列。他们起步较晚，但最终以较低的成本，在短时间内超过了国际团队。由此可以看出，文特尔等人采取的策略是多么高效和有力。

技术创新的意义

　　技术创新在科学发展中发挥的作用，在今天已经越来越重要了。人们经常讨论，在科学进步的过程中，新思想和新技术究竟哪一个更重要。诚然，在一些时代曾经出现过能够洞察科学进展、为众多研究者指引方向的天才人物，他们提出的新思想大大地促进了科学进步。

　　但正确的观点应该是，以包括DNA重组技术在内的分子生物学发展为例，在技术革新的驱动下，一系列远远超出人们预想的现象得以发现。这些新发现与新概念相互结合，最终使整个领域的发展前景豁然开朗。就生命科学而言，我们已经认识到，生命的结构比人们曾经想象的要复杂得多。

20. 在试管中将DNA扩增100万倍

用极其简单的方法，就可以在试管中近乎无限地扩增DNA片段。利用一丁点儿DNA，例如从毛发中提取的DNA，就可以确定罪犯的身份，这样的操作在今天并不少见。此外，我们还可以合成突变DNA，连接DNA片段，或者构建微型基因组。

DNA的两条链互为铸模和铸件。DNA聚合酶能够以一条链为模板，合成另一条链。如果在高温条件下，将双链DNA解旋为单链，再分别以两条单链为模板进行DNA合成，形成双链，DNA就会扩增为原有的2倍。如果将这个过程重复10次，DNA的数量就会变成原来数量的2^{10}倍，也就是1 024倍。

在试管中重复进行DNA的复制和变性，使DNA大量扩增到100万倍，这种技术被称为聚合酶链式反应（PCR）。这个创意极为简单，而发明这种方法、获得专利并进行商品化的塞托斯公司的研究员凯利·B. 穆利斯因此荣获诺贝尔化学奖。PCR的操作方式是：首先提高温度使DNA变性，然后加入与DNA的一端序列互补的短链DNA；当温度慢慢降低时，短链DNA与单链结合，在DNA聚合酶的作用下合成DNA双链（如图3-7所示）。这个方法的革新之处莫过于只需要极其微量的DNA，就可以对其进行无限扩增。

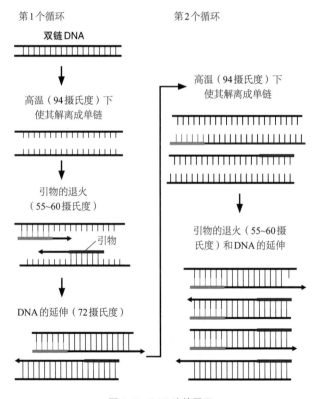

图 3-7　PCR法的原理

如今PCR法已经成为几乎所有实验室中的日常操作。这种看似简单的方法能被如此广泛地使用，它与其他技术革新之间的结合也是关键点之一。比方说，我们现在可以用有机化学方法来合成DNA，所以能很容易地获得用PCR法合成DNA时所需的、被称为引物的短DNA片段。

将这项新技术与前面提到的DNA碱基序列测定方法相结合，就可以很容易地鉴定扩增得到的DNA序列是否正确。其结果是，我们可以省去在大肠杆菌中用载体来增加克隆数的麻烦，在试管中用极短的时间完成DNA的扩增。另外，只要在引物中引入突变，就可以在试管中自由地合成DNA的突变体。这种方法被称为"体外诱变"，对生命科学的发展产生了重大影响。

将这些方法相结合，不仅能构建一个基因，还能自由地构建一组基因、病毒或者与其相似的生命体。基因组的构建成为可能。但是，从基因组到实际的生命体，还存在很多需要跨越的障碍。细胞中有许多基因组之外的组件，而我们今天能够做到的，大概只是在已有的细胞中用人工基因组代替原有的基因组。但是，除生命科学技术的可行性之外，构建人工生命体肯定还会在伦理等方面遭遇很大的阻力。

在犯罪调查中，PCR法可以为罪犯身份的确定提供有力的证据。目前，利用这一方法和碱基序列测定方法，判断是否为同一个人的准确率几乎达到了100%。所以，美军使用PCR法和DNA碱基序列测定方法对乌萨马·本·拉登进行个人身份的识别，也并不值得惊讶。

21. 观察活细胞和分子的运动

　　观察细胞中的蛋白质等分子，需要使用高倍率的荧光显微镜或电子显微镜。到目前为止，进行这种观察时，需要固定住细胞，因而不能观察到活动状态下细胞的姿态。然而，借助 GFP（绿色荧光蛋白）等荧光蛋白，我们已经可以用光学显微镜观察到活动状态下的细胞中蛋白质等分子的运动。

　　用肉眼直接观察到由基因组信息表达而来的蛋白质存在于细胞中的什么位置，它们又是怎样活动的，是自古以来研究者的愿望。但要给自然活动状态下的特定分子添加标记，又似乎是不可能的。长期以来，都要首先将被观察的组织固定，然后用抗体标记分子，并将抗体与荧光分子或色素分子相连，才能在显微镜下确认分子的位置。遗憾的是，使用这种方法不可能观察到活动状态下的分子运动。

　　天然的绿色荧光蛋白正是能满足研究人员这种愿望的最佳分子。获得 2008 年诺贝尔化学奖的下村修，对维多利亚多管发光水母中的 GFP 分子进行分离提纯，并确定了 GFP 的结构，为生命科学带来了巨大的变革。

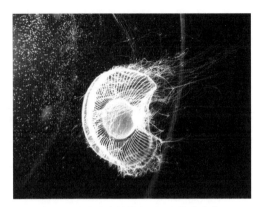

图3-8 发出荧光的维多利亚多管发光水母

资料来源：©KANPEI。

此后，GFP基因被克隆。人们还发现，即使将GFP与其他分子融合为新的蛋白质，也同样可以发出荧光。如果在细胞中表达与GFP融合的蛋白质，就可以观察到在天然状态下，这种蛋白质分子是如何在细胞中活动的。另外，可以在动物个体中追踪GFP标记分子的运动，我们稍后会讲到。之后，人们还发现了除GFP以外的各种荧光蛋白，以及能够根据细胞的行为改变颜色的荧光蛋白。此外，人们开发了当分子和分子之间相互结合时才会发出荧光的，被称为荧光共振能量转移（FRET）的实验方法，这使细胞生物学迎来了一个全新的时代。

显微镜的分辨率有限，所以很难追踪到单独的分子，却可以很容易地对包含该分子的细胞的运动进行非常准确的测量。但是，要检测到荧光，就必须使用外来激发光，这就产生了两大问题。第一个问题是，具有合适波长的激光只能到达组织表面极薄的表层部分。第二个问题是，照射的光越强，荧光分子的发光能力就会在短时间内变得越差。由于这两个问题的限制，使用GFP融合蛋白进行的研究在最初仅限于培养细胞等厚度较小的样品。

然而，近年来随着双光子显微镜的开发，这一限制被大大克服了。所谓双光子显微镜，使用的是长波红外激发光，这种长波光子的组织渗透性更高；当有两个这样的光子同时照射并激发同一个GFP分子时，就能产生短波长的荧光光子。通过这种方式，就能够检测出位于组织深部的GFP，也可以捕捉到活体组织、切片或一部分上皮组织在一段时间内的动态活动图像。

通过这种随时间变化的追踪图像，研究人员能够观察血液中流动的淋巴细胞的动态，以及大脑中的神经活动，由此获得了丰富的知识。现有的动态活动可视化方法仍然存在一定的局限，但我们已经可以在仅对分子造成很小的干扰的前提下，获得从表层到几百微米深部的显微图像，与从前的方法相比，这已经是一个巨大的进步。所谓百闻不如一见，这些强有力的成像技术将在今后的生命科学发展中起到极其巨大的作用。

22.用模型动物再现遗传病

为了找出疾病的原因并开发治疗方法，我们需要该疾病的模型动物。随着自由改变小鼠基因的技术得到开发，不仅是生物学领域，医学研究也取得了飞跃性的进展。

人工改变动物基因，对生命科学而言具有巨大的魅力。这是因为这种改变可以阐明基因的真正作用。在实现动物基因克隆的同时，向动物体内植入基因也成为可能。20世纪70年代，研究人员用细玻璃管的尖端刺入小鼠受精卵，植入DNA，再把它放回母体，从而成功地获得基因植入的个体。通过这种方式，植入了特定基因的小鼠

缺失Hoxb8基因，小鼠会过度梳理毛发而导致对应部位脱毛

图 3-9　缺失 Hoxb8 基因的基因敲除小鼠

（转基因小鼠）为分析各种生命现象发挥了重要作用。但是，这种基因植入动物的问题在于，外来基因是随机插入染色体的，因此插入的位置不同会影响对其表达的调控，也就不能对其生理表达进行精确控制。

于是，研究人员开始尝试将基因植入其原本所在的位置，通过引入基因突变或基因缺失来揭示基因的功能。在今天，这种针对小鼠的基因敲除或敲入方法已经在各个实验室中广泛应用。但是这种技术的开发完成，也曾经历了漫长的过程。

缺失能产生抑制肥胖的瘦素的基因的小鼠（左）和正常小鼠（右）

图 3-10　因基因变异而肥胖的小鼠

首先，源自小鼠受精卵的ES细胞（胚胎干细胞）至关重要。也就是说，可以从这种具有多向分化能力的培养细胞出发，培育小鼠个体。干细胞的建立是由英国的马丁·约翰·埃文斯完成的。

其次，要使用同源重组方法，将基因导入培养细胞中。这种方法最初是在较简单的常规培养细胞中尝试进行的，结果表明，该方法能够以一定的概率插入基因，但效率不一定很高。这一工作是由马里奥·卡佩奇和奥利弗·史密西斯进行的。在这之后，上述技术被结合在一起，完成了改写胚胎干细胞基因并培育出突变小鼠的工作。改变小鼠体内的特定基因，在今天已成为极为普遍的方法。

改写基因从而使该基因不发生作用，是一种能够推断该基因在身体中所发挥功能的非常有效的方法。基于此，也可以制作出与人类遗传病具有相同基因突变的疾病模型小鼠。最近，同样的方法在大鼠身上也实现了，疾病动物模型已经成为推进生命科学发展必不可少的方法。

但在很多情况下，人们发现有些基因的缺失会使胚胎在发育过程中死亡，因而无法查明该基因的实际功能。为了解决这个问题，条件性基因敲除法诞生了。这种方法可以只在表达特定基因的特定细胞中实现所研究基因的缺失。使用这种方法，可以使特定的基因——比如进行抗体基因重组的RAG1基因——只在B淋巴细胞中缺失，而在T淋巴细胞中正常表达。这种能够在特定组织或特定种类细胞中实现特定基因缺失的方法，使个体基因的功能解析获得飞跃式发展。

23. 意义非凡的单克隆抗体技术

如果能将可以识别任意生物分子的抗体提纯出来，生命科学将会得到飞跃性的发展。实现这一梦想的正是单克隆抗体技术。这一技术诞生的背景是细胞融合现象的发现和克隆选择学说的证明。

每一个细胞都被城墙一般的细胞膜相互隔开，两个细胞之间很少发生融合。但在极少数的情况下，两个细胞的细胞膜会互相融合。在个体发育的过程中，肌肉细胞会自然地融合在一起。此外，被某些病毒感染后，宿主细胞间也有可能融合。细胞融合现象是由冈田善雄利用在日本分离得到的仙台病毒发现的。近来，科研工作者也广泛使用聚乙二醇或电融合法，人工诱导细胞间相互融合。

这就像是忽然拆除掉两座房子中间的墙壁，使两户人家合并成一家，原本分属两户人家的成员之间未必总能和睦相处。通常情况下，融合后的细胞会发生功能故障，不能很好地生存。特别是当不同物种的细胞（例如，小鼠和人类的细胞）融合在一起时，其中一个物种的染色体常常会逐渐选择性地丢失。

在人类社会中，如果突然间让两个家庭的人生活在一起，能顺利相处的大多是本就相似的两家人。细胞的情况也是一样。但是，如果是完全相同的细胞进行融合，那就没有意义了。当相似但略有不同的细胞结合在一起时，就可能产生非常有用的融合细胞株。被称为"杂交瘤细胞"的淋巴细胞融合株就是这样一个十分理想的例子。

杂交瘤细胞

所有淋巴细胞的外观和形状似乎都是相同的，但不同的淋巴细胞之间其实有一个重要的区别，那就是每个淋巴细胞（克隆）产生的抗原所能识别的物质各不相同（B淋巴细胞产生抗体，[①]T淋巴细胞合成T细胞受体）。

这使得针对淋巴细胞的分析变得非常困难。一般来说，化学解析要遵循一条铁律：收集大量单一成分物质，并对其进行分析。如果是对各种物质的混合物进行分析，那么无法得到明确结果。

---

① 此处有所简化，B淋巴细胞经抗原激活后分化成浆细胞，然后产生与其所表达B细胞受体具有相同特异性的抗体。——编者注

塞萨尔·米尔斯坦和乔治斯·J. F. 克勒使用名为"杂交瘤"的细胞融合技术，开发了单克隆抗体。要制造杂交瘤细胞，需要将本身不产生抗体但已经癌化（因此可以无限增殖）的淋巴细胞株，与能够产生抗体的正常淋巴细胞相融合。这样一来，在癌化的淋巴肿瘤细胞的作用下，融合细胞株可以不断增殖，同时产生单一种类的抗体——单克隆抗体。这种优良方法的引入，让我们可以获得针对各种抗原的单克隆抗体（图3-11）。这不仅极大地促进了免疫学研究的发展，也为整个生命科学的发展做出了巨大贡献。

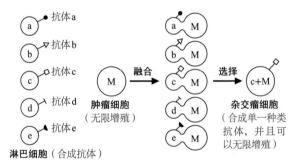

淋巴细胞（a、b、c、d、e）分别产生不同的抗体。抗体有被分泌到细胞外的，也有存在于淋巴细胞表面的。从来源于淋巴细胞的肿瘤细胞（M）中，选择能在试管中无限增殖但不产生抗体的肿瘤细胞，让它和多种正常淋巴细胞融合。再从多个融合细胞中选出能够产生目的抗体的细胞。

图 3-11   单克隆抗体的制作方法

　　现在，我们已经可以通过杂交瘤细胞获得大量化学成分单一的抗体，并将其不断应用于各种人类疾病的诊断或治疗。米尔斯坦并没有申请这种方法的专利权。人们都说，这可能是因为他非常有远见地认识到，这种方法的各种可能应用将成为今天生命科学发展中不可缺少的一部分。

第四章

生命科学的新发展

基因工程技术的出现，为生物学带来了一场革命。

　　一直以来，生物学只有形态学、遗传学等有限的分析手段，要以此处理复杂系统，从现象追寻本质并不容易。

　　作为生物学固有的、最强有力的研究手段，基因工程技术可以引导我们追寻复杂生命现象的本质。

　　这些技术为生物学引入了新的概念与观念，在使生物学迎来新发展的同时，也成为其他科学领域（人文、社会、自然）以及解决社会问题时不可或缺的手段。

24. 多样性是生命体的本质

生命的多样性存在于物种间、个体间以及个体中的细胞之间。种种多样性表现的来源都在于遗传信息。物种和个体的多样化是由基因变异产生的。另外，个体中细胞的多样化主要源自基因表达的调控，但也有一部分是由基因突变引发的。

与非生物相比，生物所拥有的不可思议的特征之一就是多样性。从形态学角度来看，从单细胞的眼虫到有翅膀的昆虫、星形的海星、绳子一样的蛇、长鼻子的大象、长脖子的长颈鹿等，可谓千差万别。从体型大小来说，生命的尺度从显微镜下才能观察到的微生物，延伸到像鲸鱼一样重达150吨的庞然大物，以及直冲云霄的参天大树。

从生活方式来考虑，生物同样种类繁多，有水中的鱼类、陆地上的哺乳动物，还有在水中或者陆地上都能生存的两栖类生物，以及翱翔于空中的鸟类。从能忍受南极寒冷的企鹅到在热带酷热气候中自在生活的鸵鸟，生物的多样性范畴如此广阔，着实令人惊叹。

然而出人意料的是，造就了多种多样、充满差异的生命体的基本机制是共通的。

在大部分的物种中，遗传物质都是DNA；在几乎所有物种中，刻在DNA上、记载遗传信息的语言——三联体密码——也是基本相同的（虽然有些物种使用"方言"）。遗传信息决定着20种通用氨基酸的序列，由此形成维持生命体重要功能的蛋白质。而其他的生物构成成分，比如脂质和糖类，其结构虽有细微变化，但毫不夸张地说，其基本骨架几乎相同。这些事实胜过任何解释，说明地球上多种多样的生命是从共同祖先开始的，是在漫长的进化历程中经历一系列连续变化后呈现出的结果。

生命体所使用的化学材料相同，遗传语言统一，这让生物界的多样性更加不可思议。生物界的多样性究竟是如何形成的，这一问题堪称进化之谜。

达尔文认为，在长达40亿年的时间里，遗传变异的积累和环境的选择不断地推动着地球生命进化。随后的研究表明，是基因将变异传给后代，而基因发生变异的机制也是多种多样的，包括突变、重组、转座子的转座（参照第25节）等。

其中最重要的一点是，基因的变异是没有方向性的偶发事件。人们认为，环境因素是对偶发性变异进行选择，从而推动物种多样化的动力。关于具体的选择机制是怎样的、选择强度有多大，还有很多尚未明确之处，但无论如何，我们可以认为生物种类的多样性是为应对外界环境的多样性而形成的。关于进化机制的细节还存在很多争议，但将基因的偶然变化和环境的选择看作进化的原动力，这种达尔文式的观点得到了普遍认可。

达尔文经过仔细观察提出，物种内个体之间的差异，很明显是由基因的变异引发的。达尔文观察到的变异主要是形态变异，但如今可以很容易地检测出基因碱基序列的个体差异（这被称为"多态性"①），而且现在已经知道，遗传多态性要比预想中更为普遍。也就是说，所谓物种既是拥有共同基因组的群体，又是包含了由不间断的偶然性基因变异而形成的遗传多态性的群体。

如前所述，首先，要将这些不断发生的基因变异从父母传给子女，这些变异就必须在生殖细胞中发生。其次，真核生物细胞中的染色体各有2条（1对），而在发生减数分裂、形成生殖细胞的过程中，来自双亲的2组染色体会被混合分

---

① 多态性（polymorphism）：也称多态现象、多形现象，广泛用于生物学。此处指遗传多态性。——编者注

配。结果，从父母那里得到的1对染色体（以及基因）会以各种各样的组合被分配到生殖细胞中，从而使变异更容易在种群中扩散。另外，在减数分裂中，双亲的染色体之间还会发生基因重组（减数分裂重组），从而进一步引发基因的混合。可以预测在广阔的种群中，一个发生于个体中的突变只要不是有害的，就会通过上述机制，经过世代更替而不断传播蔓延。

个体中的多样性

各不相同的物种以各不相同的方式去适应多样化的环境，除此之外，有时候同一个个体也必须适应多样化的环境。为了因时因地应对各种外界刺激，个体需要拥有一种在个体内部产生丰富多样性的机制。对高等生物来说，最具代表性的应该是与生物防御相关的免疫系统，以及感知各种外来刺激并采取行动的神经系统。

神经系统要正确感知外界的各种敌人，决定逃跑还是战斗。因此，中枢神经系统的认识机构必须具有庞大的多样性，才能综合五官感受到的信息来判定对象。另外，关于记忆和理性判断所需的多样化功能，至少有两点已经明确。第一，神经系统的多样化与基因变异无关。第二，神经元回路的复杂性及其个体差异是神经系统多样性的来源。

免疫系统必须正确识别各种入侵的外敌，迅速加以攻击，进行自我防御。免疫系统具有的丰富多样性是如何被储存在我们有限的遗传信息中，又是如何被表达的呢？在解开这个重大生物学谜团的过程中，以基因工程技术为基础的新生物学做出了巨大贡献。

免疫系统各个细胞的基因中分别引入了随机突变，其中对生物体防御有用的会被正向选择，不利的或无用的会被负向选择。近年来的研究表明，在免疫系统中，基因的偶然变异和表达结果的选择共同发挥作用，这种选择类似于进化过程中的自然选择（参照第26—27节）。关于神经系统的多样性，也有实验证实偶然形成的神经回路会接受选择，最后只留下有效的功能回路（参照第34、39节）。

从个体层面的多样性来看，可以认为个体发育的过程本就是多样性得到表达的过程。也就是说，从卵子和精子的融合开始，不断分化成千差万别的体细胞的过程，可以说是个体层面的多样化过程。这个过程是通过对遗传信息表达的调控而发生的（第26节详述）。

25. 处于变动中的基因

个体之间存在基因差异，这一点已被人们广泛接受。但在同一个个体的细胞中，基因也会发生变异，这还是让人们感到惊讶的相对较新的见解。从进化的角度来看，从远古时代开始基因就一直处于变动之中。

在漫长的进化过程中，基因会逐渐改头换面，这是理所当然的。但是在个体的一生中，作为生命设计图的基因也会改变其结构，这让生物学家很难接受。近年来，这类现象一个接一个地被人们所了解，基因的动态变化远远超出了人们的想象。

早在20世纪40年代，芭芭拉·麦克林托克就研究了野生玉米种子的颜色发生剧烈变化的现象，并提出了大胆假设，认为其原因可能是决定颜色的基因在染色体中频繁地来回移动。要说20世纪40年代，那可是一个连DNA双螺旋结构都还没有明确，关于基因本质的知识极其不足的时代。

当然，麦克林托克也没有像今天这样明确的基因概念。

尽管如此，她通过对玉米种子颜色的观察，认为如果没有体细胞层面的基因变化，这种剧烈的变化是不可能发生的。然而，这样的假设并没有立即被人们接受。甚至可以说，在1983年她获得诺贝尔生理学或医学奖之前，她的假说几乎被人们忽略了。

麦克林托克女士在纽约市郊外的冷泉港实验室耐心培育玉米，经过反复观察，不断积累证据。但是，仅凭这样的观察很难证明基因是处于变动之中的。通过基因克隆，名为转座子（后文详述）的DNA序列被发现，这一证明才得以完成。转座子与噬菌体DNA类似，是寄生在宿主DNA中的序列，它可以表达一种能够自行切断DNA并将其插入其他位置的酶。

提取基因并明确证明动物基因能够在个体层面发生变化的，是卡内基研究所的D. 布朗、I. 戴维，以及耶鲁大学的J. 高尔。他们于1968年首次发现，在南非爪蟾的卵中，rRNA的基因数量可以增加几千倍到一万倍（基因扩增）。

为什么要在爪蟾的卵中增加rRNA基因数量呢？这可能与卵子受精初期必须非常频繁地翻译遗传信息有关。在这个时期，受精卵会不断分裂，每个细胞中的核糖体数量会随着分裂而急剧减少。于是，为了保证在核糖体急剧减少的情况下，遗传信息的翻译也能不受影响地顺利进行，受精卵必须提前储备大量核糖体（或者作为其原材料的rRNA）。因此，仅靠基因组中原有的基因是不够的，有必要进行基因扩增。

接着在1978年，利根川进（现任教于麻省理工学院）发现抗体的基因也会发生改变。这是一个令人吃惊的现象，抗体的基因在卵子和精子的基因组中被分成两个DNA片段，这两个片段在淋巴细胞的分化过程中连接成一个，才会形成完整的V基因（即编码抗体可变区的基因，参见第26节）。

同样在1978年，我发现在产生具有不同生理活性的抗体时，淋巴细胞会将抗体基因的一部分切掉。

就这样，人们了解到基因会发生数量增加、位置改变、切去不必要部分等各种动态变化。

处于动态变化中的DNA

最初，人们预测这种现象可能仅限于抗体基因或rRNA基因。但是随后逐渐发现，除此之外的其他基因也在活跃地发生改变。最近发现，当癌基因周围发生DNA重组时，癌基因会被异常表达，这是癌症的诱因。这是一个重要的现象，它意味着基因的结构变化支配着基因的表达调控。

另外人们还发现，基因中3个碱基组成的序列（密码子）的重复会导致亨廷顿病、脆性X综合征等遗传病，在

CAG、CGG、GAA等单纯重复序列的基因座中，序列重复的数量会增加或减少。由于重复序列位于被转录的基因中，所以当重复数量超过一定极限时，该基因产物的功能就会受损，从而引发疾病。在大多数情况下，这类遗传病是随着细胞基因中序列重复次数逐渐增加，逐渐合成异常蛋白质或者蛋白质表达状态异常，从而最终发病。也就是说，很明显疾病是由于个体中基因不受控制的异常变化发生的，其根源在于DNA中固有的序列重复结构。这一系列疾病被称为三联密码子重复扩增突变，通过遗传测序可以对其进行明确的诊断，并获得关于疾病预后的准确信息。

于是，基因不变的神话破灭了。在今天，如何控制基因的动态变化，以及这些变化对于构成我们身体的细胞功能是否有意义，这些问题引起了很多人的关注。

基因发生着活跃的动态变化，在微生物等低等生物中，这种变化的频率更高。1958年，人们发现了质粒的存在。在细菌中，质粒作为独立于基因组的DNA而存在，以寄生在细菌中的形式自我增殖。在细菌分裂时，质粒也会遗传给其子孙。此外，通常只有质粒这一种DNA，会从一种细菌转移到另一种细菌。

关于质粒的最有名的研究成果，是由日本的渡边力（庆应义塾大学名誉教授）详细研究的抗性转移因子（R因子）。

根据这项研究，质粒中存在R因子这一现象，可以简洁明快地解释某个细菌的耐药性是如何不断地向同伴传播的。

另外，将含有不同R因子的细菌放在一起，会产生对多种抗生素具有耐药性的细菌。对这一现象进行分析，可以发现R因子会以非常高的频率从一种质粒转移到另一种质粒，由此可以推导出"转座子"的概念。

转座子

转座子的两端都有特殊的碱基序列，具有这种碱基序列的基因会以很高的频率从一个位置跳转到另一个位置。这是因为转座子DNA能够编码一种可以剪接基因"磁带"的酶。

最近，除了在果蝇等无脊髓动物中，我们在人类中也发现了转座子。事实上，转座子广泛分布于生物界。转座子的结构与一种带有逆转录酶、能够引发癌症的逆转录病毒非常相似。逆转录病毒也会潜入动物基因组的各个部位，并来回移动。如果它偶然潜入癌基因附近，就会引起其异常表达，从而引发癌症。从进化的角度来看，转座子和逆转录病毒可能来自共同的祖先。

决定酵母菌性别的基因具有与转座子非常相似的性质。酵母有a和α两种"性别"（接合型），分别由两种基因决定。

然而研究发现，酵母发生性别转换的频率很高。这种性别转换，也是由基因的变化引起的。

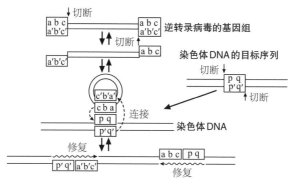

在染色体中目标序列的两侧和逆转录病毒末端序列的两端进行切断，两者再被连接在一起。修复单链部分，完成DNA插入。

图 4-1　逆转录病毒出入染色体DNA的机制

基因变异现象的一个典型示例是一种名叫布氏锥虫的病原体，它可以引发在非洲常见的非洲锥虫病（睡眠病）。锥虫感染动物后，动物会产生针对这一病原体表面抗原的抗体。因此，锥虫表面抗原会被免疫防御系统捕获，其数量急剧下降。但是，由于锥虫表面抗原的基因会频繁地发生改变，因此又会产生无法被抗体捕获、重新增殖的病原体。

之后，宿主产生新的抗体并重建防御网络，但是锥虫的基因会再次改变并突破防御网。这种你来我往反复进行的保卫战的结果，是病原体会最终打倒宿主。这种重建表面抗原基因的机制，对病原体来说是极其有效的武器，但对动物来说是非常可怕的机制。

今天，除锥虫以外，细菌鞭毛或纤毛的基因变异现象也已广为人知。例如，沙门氏菌的鞭毛或淋球菌（淋病的病原体）的纤毛，也拥有改变基因以逃避宿主细胞免疫反应的巧妙机制。

像这样，各种各样的生命在各自的环境中巧妙地活用基因变化，应该说这正是生命的多样性吧。

26. 细胞分化的程序

　　基因组信息中还包含发育和分化程序，使一个受精卵形成形状复杂、种类多样的细胞。如果用分子生物学的语言重新解释，就是"一定的基因组合，在一定的时间、一定的地点（即特定的细胞中）进行表达，从而决定细胞命运的现象"。分化（决定细胞命运）机制的阐明，在探寻生命科学奥秘的同时，也在医学上具有重大意义。

　　生物的多样性并不局限于个体间的多样性或基因变异所引起的多样性，在特定的时间和空间中，细胞遗传信息的表达也会引起多样性，这就是细胞的分化。精子和卵子融合形成的受精卵所具有的遗传信息，在大多数细胞中保持原样，但在生物体内会分化产生多种多样的细胞。

　　这种分化程序基本上是以基因表达信息的形式，被刻在基因组中的。首先，在卵细胞中存在大量源自母体的mRNA，这些mRNA会在受精后立即被翻译成蛋白质。不久，随着细胞的分裂，胚胎中各区域的mRNA分布会产生差异，从而引发各部分细胞中特异性的基因表达。用于调控基因表达的基因，被称为转录调控基因群，在基因组中，约有10%的基因属于这一类。

况且，转录调控基因并不是一对一的，而是通过其组合来促进或抑制表达，因此不难想象，这种组合带来的基因多样性是极其复杂的。转录调控基因的表达，更是由一个基因的表达诱导或抑制下一个基因的表达，如此逐级串联，经过具有多个分支的时间序列，最终引导一组决定细胞分化命运的基因表达（图4-2）。

另外，基因表达不仅受细胞内因素的调控，还会受到各种细胞外刺激的控制。典型的例子是不同剂量的激活素、抑制素等分泌性信号分子可以调控基因表达，从而促进胚胎从细胞初期向内胚层、外胚层、中胚层的分化。这类例子还有分化因子对血细胞分化的调控等，正处于详细研究中。

此外还有一种机制，在分化为多种形态的过程中，细胞的命运也可能由来自邻近细胞的信号决定。例如一种叫作Notch的受体，可以和表达与该受体特异性结合的物质（配体）的细胞相接触，接收信号，从而调控基因表达，决定细胞命运。当细胞群分化并呈现为心脏或循环系统的复杂形态时，在其中流动的血流的压力也可以决定组织形态，这样的现象逐渐被人们所了解。

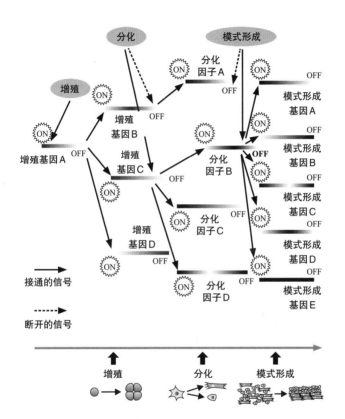

图4-2　发育过程受复杂的基因相互作用调节

注：分化程序被认为是对很多基因的表达进行集成化连续调控的结果。某个基因表达开关的开启或关闭也受其他基因控制。在发育过程中，增殖和分化是复合发生的。在组织形成的过程中，细胞群相互影响形成模式（形态）。

资料来源：筑波大学，森尾贵广、田仲可昌。

众所周知，作为决定细胞命运的机制，细胞分化具有一定的不可逆性。基因表达的调控并非伴随着基因本身的变化，因此从原理上讲分化应该是可逆的。但是由于调节基因之间的相互作用，以及DNA的甲基化，在现实中分化常常是不可逆的。尽管DNA的碱基序列没有发生变化，但使遗传信息的表达发生半不可逆变化的机制，被称为"表观遗传调控"（后天性调控）。这种调控是通过DNA的甲基化或组蛋白的甲基化、乙酰化修饰实现的（参见第28节）。

决定生物形态的基因

随着基因分离与分析方法的发展，分化相关的研究也发生了革命性的变化。

基因分离方法的引入，引起了人们对果蝇分化研究的关注（图4-3）。很久以前，人们就知道在果蝇的发育过程中，

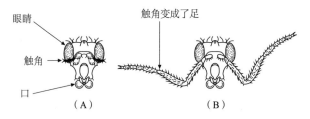

（A）是野生型成虫的头部。（B）是发生触角足突变的成虫的头部。触角所在的位置长出了足。

图4-3　果蝇的触角足突变

存在决定身体分节的基因。昆虫的身体大致可以分为头部、胸部、腹部，每个部分又分别可以分成3~9个体节。在各个体节上分别附生有触角、口唇、羽毛等不同形态的结构，体节也是决定果蝇形态的重要单元。

决定体节数量或位置的同源异形基因得到了分离，对其结构的分析揭示了非常有趣的现象。在果蝇中，决定体节的基因有接近一打（12个）。在这些基因中，存在非常相似的被称为"同源异形框"的序列。

由同源异形框合成的蛋白质的结构中，有很多碱性基团，这和能与DNA结合并调控转录的蛋白质非常相似。这些决定体节的基因的产物能够进入细胞核，调节各种基因的表达。

E. B. 路易斯认为，在这约12个基因中，哪些基因被表达，就决定了体内十几个体节的命运。例如，只表达第1个，就会形成包含头部触角部分的体节；如果表达第1个和第2个，就会形成包含下唇部分的体节。像这样，通过这些基因的多重组合，就可以决定体节的命运。

我们已经知道，具有类似同源异形框的基因不仅存在于果蝇中，还存在于蛙类、小鼠及人类中。很明显，决定动物形态的调节基因构成了在进化过程中非常保守的基因群。我们已经知道，转录调节基因是决定生物形态、解开分化之谜的关键。

27. 细胞分化的重编程与器官再生

　　将分化后的细胞用4种基因还原成未分化细胞，使其具有多种分化能力，这就是iPS细胞（诱导多能干细胞）。以器官再生为目标，与ES细胞（胚胎干细胞）、iPS细胞以及成体干细胞相关的研究正在进行中。

　　分化后的细胞究竟能不能恢复成与原来的受精卵一样具有全能性的细胞呢？长期以来，很多人都对这个问题产生了浓厚兴趣。

　　1962年，格登通过将肠道上皮细胞的细胞核移植到去核受精卵中的实验，在非洲爪蟾身上证明了肠道上皮细胞可以发育成完整的个体。虽然这个概率极低，只有不到0.1%，但是首次证明了从分化最彻底的细胞出发，可以得到几乎和受精卵一样具有全能性的细胞，这具有非常重大的意义。应用这种核移植方法，羊的克隆获得成功，克隆羊多利诞生。也就是说，不仅是蛙类这样的两栖动物，哺乳动物的分化细胞也可以进行重编程，从这种意义上讲，克隆羊实验得到了人们的高度评价。

2006年，山中伸弥向小鼠的上皮细胞中植入了仅仅4个基因，就由此成功培育出了具有全能性的iPS细胞，并证明iPS细胞可以发育为完整个体（图4-4）。核移植是通过改变染色体周围的整体环境实现重编程的，而在iPS细胞中，仅用4个基因就达到了同样的目的。这意味着基因是决定细胞分化的最根本要素，而证明了这一点的iPS细胞也因此被认为意义重大。同时，由于iPS细胞可以利用任何一个人的细胞来制造，因此这一现象也令人激动地打开了个性化再生医学的前景。

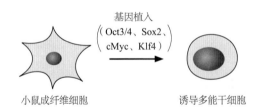

基因植入
(Oct3/4、Sox2、cMyc、Klf4)

小鼠成纤维细胞　　　　　　诱导多能干细胞

通过逆转录病毒在小鼠成纤维细胞中植入Oct3/4、cMyc、Klf4、Sox2这4个基因，就能培养出诱导多能干细胞。

图4-4　诱导产生iPS细胞

资料来源：根据山中伸弥与高桥和利2006年发表于《科学》第76卷第1177页的资料改编。

但是，要把iPS细胞应用到人类的再生医学中，还有很多需要跨越的障碍。例如，iPS细胞在分化成多个细胞的同时，发生癌变的可能性也不小。要植入人体，就必须找到方法来制作不发生癌变的 iPS 细胞，并对其进行鉴定。另一方面，使用来自特定个体的 iPS 细胞，我们可以在试管中制备不同类型的分化细胞。例如，用此方法得到的大量肝细胞，可以非常有效地用于对肝毒性药物的筛选。到目前为止，要大量培养人的肝细胞并不容易。

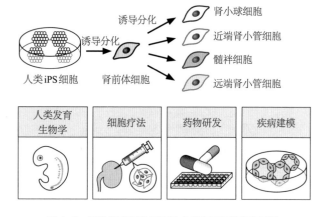

图 4-5　以临床应用为目标的人类 iPS 细胞肾脏再生

资料来源：京都大学 iPS 细胞研究所副教授长船健二。

被认为与 iPS 细胞一样具有全能性的细胞，还有 ES 细胞。这种细胞是从动物的早期胚胎中分离得到并在试管中长期培养的细胞，将该细胞植回母体，可以使其发育为完整的动物个体。人类 ES 细胞已研制成功，可以考虑将其应用于再生医学。

但是ES细胞的问题在于，只有不发生免疫反应的个体，才能接受从已建立的ES细胞系培育得到的分化细胞。为此，就需要从很多胚胎中培育出ES细胞。但是，在培育ES细胞的过程中必须杀死胚胎，所以要培育出所有人都能使用的ES细胞是非常困难的。

与此不同，iPS细胞可以从任何一个人的皮肤细胞中获取，也可以根据需要从自身获取。在这一点上，iPS细胞被认为比ES细胞更易于应用。但是，要了解ES细胞和iPS细胞能否始终保持恒定的相同特性，还存在很多需要解决的问题。

关于哪些细胞可以转化为iPS细胞的问题，当初曾存在争议，但鲁道夫·耶尼施使用成熟淋巴细胞进行实验，证明了即使是分化成熟的细胞，也能以约1/30的概率转化为iPS细胞。

最近有报告称，在皮肤中存在一定比例的名为Muse细胞（多系分化持续应激细胞）的成体干细胞，用山中伸弥的4个基因活化这种细胞时，它们很容易分裂并转化为iPS细胞。Muse细胞也可能存在于皮肤以外的组织中，例如骨髓中。有观点认为，Muse细胞即使不经过iPS化，本身也具有多能性。在已有的临床实例中，将骨髓中的成体干细胞移植给本人，可以相当有效地恢复肝功能。如果上述信息是正确的，那么Muse细胞有可能作为一种骨髓干细胞而分化为肝细胞。再生医学是医学研究者的梦想，因此被寄予过高的期望。但是，正确地阐明其基本原理才是通向安全应用的捷径。

28. 遗传信息的表观遗传调控

　　生命信息是由基因组信息自我调控的，但也会受到表观遗传（后天性）调控机制的影响。虽然同为基因组信息调控方式，但是这种通过DNA甲基化和染色体修饰进行的调控，与通常的转录因子调控完全不同。

　　如果基因的表达仅仅是转录因子和DNA结合的结果，那么细胞的分化可能相对而言并不稳定。例如，如果一个转录因子的表达水平由于某种原因而降低，负面调控不断发挥作用，细胞的分化状态就可能发生改变。因此，存在另一种机制，在DNA上做一定的标记，同时并不改变其基本信息。这就是被称为表观遗传调控的机制，主要是通过对DNA中的碱基C甲基化（与甲基结合）进行修饰。DNA在哪个区域发生何种程度的甲基化，可以决定该区域的基因表达在何种程度上受到抑制。通常，甲基化发生于被认为几乎不进行转录的CG碱基重复区域，或者说是CG序列含量极高的区域。
　　使用上一节提到的iPS细胞、ES细胞等多能性干细胞，可以明确的是，重要基因的表达控制区域的甲基化程度，决定了细胞的分化能力。对全基因组中接受了甲基化的区域进行检索，可以揭示细胞的分化能力，以及针对特定分化状态的表观遗传调控方式。一般来说，已分化细胞中的DNA甲基化水平较高。要进行细胞重编程，去甲基化是非常重要的步骤。催化DNA甲基化的酶已经得到了鉴定。但是，去除甲基化修饰的酶一直没有被发现。因此，很多研究者都致力于寻找这种酶。

有一种与抗体基因多样性有关的活化诱导胞嘧啶核苷脱氨酶（AID）。这种酶是我在2000年发现的，它在人类免疫系统的多样化过程中起着重要作用（参照第31节）。2009年年底，有三篇关于AID参与DNA去甲基化反应的论文相继发表。这引起了许多研究人员的关注，人们纷纷寄信给作为AID发现者的我，要求获取相关的材料。但是，我认为这些论文从一开始就是错误的。为什么这么说呢？因为缺少AID的小鼠可以繁衍几十代，其发育和分化完全不受影响。即使是刊登在著名杂志上的论文，稍具专业知识的人只需一眼也能看出它是错误的，这种例子不胜枚举。如果相信所有的论文，那是愚蠢的。果然不出所料，2011年一种新的DNA去甲基化酶被发现了（TET1–3）。

我们把话题拉回表观遗传调控，要制造iPS细胞，并研究其分化能力与ES细胞有何不同，可以考虑的方法之一是检索全DNA的甲基化程度。如果这个方法能简单且低成本地进行，就不用等到细胞一个一个分化并发育为完整的小鼠了。但是，不能忘记另一个大问题：广义上的表观遗传调控不只是DNA甲基化，还有组蛋白的修饰。

在高等生物中，基因组并不是以裸露的DNA的形式存在的。在组蛋白八聚体的周围，约150个碱基对长的DNA像丝线一样环绕约1.7圈，形成由线卷连成的串珠状。这样一个单位叫作核小体。一直以来，DNA在哪些位置形成核小体被认为是随机决定的，但今天我们知道这些位置是比较稳定的，根据DNA的碱基序列，就可以大致确定线卷的位置。

DNA转录需要一边解开这些线卷一边进行。在这里，组蛋白伴侣蛋白将组蛋白移出和移入核小体，从而帮助RNA聚合酶在DNA上移动并进行转录。在聚合酶前进位置之前，解开一部分组蛋白八聚体，使聚合酶通过，然后又迅速重建原有的组蛋白八聚体，就像什么都没发生一样，聚合酶就这样不断前进。不仅如此，组蛋白特定位置的甲基化或乙酰化（与乙酰基结合而进行修饰）也与转录同时进行。此外，与前面所述相反，我们发现在易于发生转录的位置也会发生特定的组蛋白修饰。这些修饰，尤其是对H3组蛋白（见第6节）中赖氨酸的修饰，可以对转录产生抑制或促进作用。

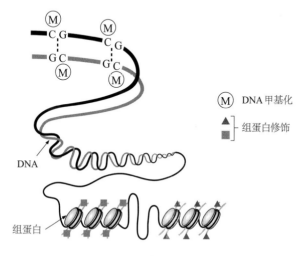

图 4-6　DNA甲基化和组蛋白修饰

注：这幅图展示了组蛋白修饰的染色质结构、DNA 和 DNA 的甲基化状态。

　　仅是与组蛋白的甲基化和去甲基化相关的酶就有几十种，目前我们尚不清楚它们之间是怎样组合并参与特定基因中特定位置的甲基化过程的。组蛋白的甲基化还可以直接调控 DNA 重组，这样的事实更让人深切体会到基因表达调控的深奥。

　　与 DNA 碱基的变异不同，DNA 的甲基化修饰和组蛋白的甲基化或乙酰化修饰在原理上是可逆的，但又是一种较为稳定的变化。其结果是，可以对先天性的遗传信息进行后天性修饰。在今天，表观遗传调控被认为是胎儿在母体中的营养状态能够影响新生儿后续发育的原因所在。

29. 逃脱感染的机制

　　人类的生存就是一场与传染病之间的战斗。免疫系统能识别并清除包括微生物在内的异物，其中有能够识别病原体大致特征的天然免疫，也有能够识别细微特征并进行记忆的获得性免疫。有人认为，脊椎动物的寿命之所以比较长，正是因为进化出了此前物种所没有的获得性免疫。

　　免疫系统的目的是，保护生命体不受来自外界的各种入侵者侵害。对免疫系统来说，最重要的任务是区分自身和非自身（外来异物），并尽可能迅速地排除异物。作为识别异物的机制，高等生物具备天然免疫和获得性免疫这两种基于不同原理的机制。顺便一提，在生命科学中，能够结合被称为"识别"，结合的强度有差异称为"量化识别"。

　　天然免疫机制也存在于昆虫等无脊椎动物中，它采用被称为模式识别的机制来识别异物。例如，它可以与核酸、糖类等物质的大致结构相结合，将生物体遇到了通常不会遇到的、与自身不同的物质的情况传达给免疫系统的细胞。负责模式识别的受体被称为Toll样受体（TLR），近年来与之相关的研究引起了很多关注。

朱尔斯·A. 霍夫曼发现与果蝇发育相关、被称为Toll蛋白的分子与异物识别有关，以这一先导性的研究为开端，他随后明确了类似的基因也存在于高等生物、脊椎动物中。当前，在人类和小鼠中已知的TLR分子有大约11种，它们可以识别诸如核酸、脂质和糖脂此类结构模式。这样的识别可以使该受体所在的细胞被活化，开启各种基因的转录。这个活化信号，最终会导致被称为细胞因子的物质的分泌。TLR在巨噬细胞等细胞中表达，这些细胞可以作为获得性免疫中的抗原呈递细胞（参照下一节），将免疫应答从天然免疫传给后续的获得性免疫。

另一方面，获得性免疫的主角是T淋巴细胞和B淋巴细胞。它们对抗原的识别极为精细，连分子中的细微差异都能识别。

其中，B淋巴细胞通过抗体这种蛋白质识别来自外界的异物——抗原。抗体分子既包括在B淋巴细胞表面表达的B细胞受体，也包括分泌到血液中并在体内循环的抗体分子，这两者的区别仅在于是否含有膜结合区域。获得性免疫的一大特征是，能够对遇到过的抗原产生记忆，这一点将在第31

节中详细叙述。

抗体中有识别抗原的区域，即"可变区"，以及识别抗原后对其进行处理（分解或吞噬等）的区域，即"恒定区"。

与各种抗原相对应的可变区种类庞杂。抗体分子由"L链"和"H链"这两种多肽组成，二者各2条，共计4条多肽组合成一分子抗体。H链和L链各一条可以组合产生1个抗原结合（识别）位点，因此1个抗体分子具有2个抗原结合位点。

与可变区不同，由于识别抗原后的处理方式只有有限的几种，所以恒定区的种类较少。根据H链中恒定区的种类，抗体被分成IgM、IgD、IgG、IgE和IgA五类，各自具有不同的抗原处理能力。抗体可以直接与病毒或细菌结合，帮助巨噬细胞吞噬，也可以激活名为补体系统的蛋白质降解酶，从而杀死细菌、防止感染、阻止症状的恶化。抗体在血液中循环，被称为体液免疫。

T淋巴细胞是与B淋巴细胞并存的另一类免疫细胞，它的表面含有被称为T细胞受体的独特的抗原识别物质。和B淋巴细胞的抗体不同，T细胞受体不会分泌到血液中。T细胞的抗原识别只在细胞自身与抗原相遇时发生，因此被称为"细胞免疫"。

从整体上看，T细胞受体的结构也和抗体非常相似。它

由α链和β链（或γ链和δ链）两条链组成，分子的前端有
识别抗原的可变区，剩余部分是恒定区。但是，它识别抗
原的机制与B细胞完全不同。具体来说，抗原呈递细胞首先
将抗原吞入，分解成蛋白质片段（肽段）。然后肽段与MHC
（主要组织相容性复合体）分子相结合，形成复合体并在细
胞表面表达。T细胞受体能够识别这个复合体中的抗原肽段。
如果做个比喻，MHC是茶壶，T细胞受体就是它专用的盖子，
只有盛在MHC中的抗原肽段才能被T细胞受体识别（如图
4-7所示）。在T淋巴细胞中，杀伤性T细胞可以识别并杀死
表面出现病毒肽段与MHC复合物、已经被病毒感染的细胞，
从而抑制病毒的增殖。

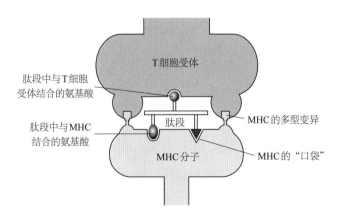

图4-7 T细胞受体识别MHC分子上抗原肽段的机制

淋巴因子和细胞因子

T淋巴细胞在识别抗原的同时，还有调节B淋巴细胞产生抗体的作用。辅助性T细胞会在识别抗原时释放出统称为"淋巴因子"的调控物质（一种局部激素），从而控制其他免

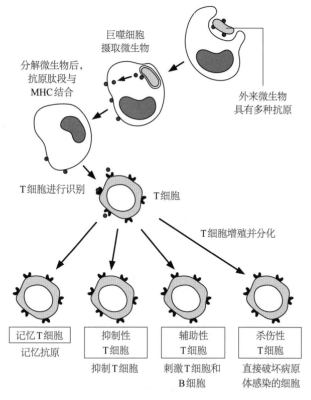

图 4-8　获得性免疫过程中T细胞的抗原识别和分化

疫系统细胞的增殖或成熟。和其他激素一样，这种调控仅对表达淋巴因子受体的细胞起作用。

代表性的淋巴因子有γ-干扰素和白细胞介素（IL），目前已知的IL已经命名到了IL-33。在淋巴因子中，也有一些是由细胞分泌、有助于该细胞自身增殖的。淋巴因子是由淋巴细胞产生的一类细胞因子，而细胞因子是对所有细胞产生的分泌性信息传递物质的统称。这些细胞因子可以在极微小的剂量下显示出生理活性，作为免疫应答和炎症反应的激活剂或抑制剂，被应用在各种疾病的治疗中。目前，对抗风湿病的TNF-α（肿瘤坏死因子α），以及岸本忠三发现的白细胞介素-6受体等抑制性抗体，都已经在临床上使用并具有很好的治疗效果。

30. 控制免疫系统自我攻击的机制

　　免疫系统最重要的功能是识别自身和自身以外的物质。免疫系统具有各种各样的机制，以防止拥有巨大破坏力的获得性免疫系统向自身发起攻击。这个用以应对几乎具有无限可能性的入侵异物的系统庞大且高度多样化，与之相应地，用于控制自我攻击的机制进化得十分巧妙。

　　获得性免疫系统的首要目的是建立一种机制，来正确识别可能性近乎无限的微生物等外来抗原。为此，必须有非常多种类的抗原受体存在。如何从有限的遗传信息中产生几千万，甚至几亿种抗原受体呢？这个谜题的答案是由利根川进等人揭示的巧妙方法，通过基因片段的组合来产生新基因。

　　这种被称为"VDJ重组"的基因重组机制，是抗体（B细胞受体）基因和T细胞受体基因的共用机制。执行这种重组的RAG1酶和RAG2酶也是B淋巴细胞和T淋巴细胞所共有的。

这种基因重组机制被认为在脊椎动物进化的早期就出现了。但是，在被认为是脊椎动物祖先的八目鳗或七鳃鳗等脊索动物中，不存在这种机制。另外，RAG1和RAG2基因中没有内含子，这两个基因呈现为由固定DNA序列标记的片段连接组合而成的样式，这些序列标记可以决定基因的重组方式。这些特征与被称为转座子的、可改变自身基因的机制极为相似，所以有人认为，这种机制的进化原点可能是转座子侵入了脊椎动物祖先的细胞。也就是说机缘巧合，地球上脊椎动物祖先的生殖细胞被转座子感染，而今天地球上存在的所有脊椎动物都是它的后代。这个推论虽然令人惊讶，却得到了很多研究者的支持。

VDJ重组机制的特征是由2个或3个抗原识别位点的基因片段组合成新的基因，假设每个基因片段只有10种类型，出于组合的力量，也会产生多达1 000种（10×10×10）组合。此外，该机制可以在基因片段的连接处添加原本不存在于基因组中的碱基序列，这些额外氨基酸的插入又会进一步提升多样性。

接下来的问题是，如果产生具有如此丰富多样性的抗原受体的机制是借助组合的力量实现的，那么这一定是一种无秩序的多样化。如果直接应用这种机制，就可能会产生将自身组织识别为抗原并对其进行攻击的抗原受体。于是，生命体必须具备一种机制，能从以此种基因重组方式产生的多样化抗原受体中，排除或抑制那些自我识别较强的抗原受体。

在这种机制中，首先对T细胞的选择发生在胸腺中（图4-9）。T细胞在胸腺中分化成熟。胸腺中似乎存在一种机制，可以表达各种类型的自身抗原。如果未成熟的T细胞能够识别自身抗原肽段并发出强烈的信号，该T细胞就会因死亡（细胞凋亡）而被排除。在胸腺中，完全无法感觉到自身MHC抗原刺激的淋巴细胞同样无法增殖，也会消失。目前已经明确，只有那些与自身MHC发生微弱反应的T细胞才会受到适当的增殖刺激，从而发育为成熟的T细胞。

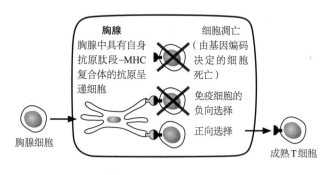

图4-9　胸腺中T细胞的选择

但是，仅靠上述选择还不能完全避免错误的免疫反应。为了防止胸腺中成熟的T细胞在外周组织中由于炎症而大量增殖，从而攻击自身组织，除了有激活免疫应答、起加速作用的分子之外，还有起抑制作用的分子。另外，在T细胞的分化过程中会产生抑制性T细胞，它可以对过度免疫应答进行均衡调控。遗憾的是，抑制性T细胞进行免疫调控的机制还没有得到明确。总之，发生在胸腺中的中枢性选择和发生在外周的调控，是对自身免疫反应进行控制的两大机制。

31. 疫苗为什么有效?

疫苗之所以有效,是因为存在免疫记忆。特别是在抗原的刺激下,B细胞产生的抗体会发生改变,使其与抗原的结合能力增强,成为更适合应对抗原的抗体类型。抗体发生这种变化,是因为抗体基因发生了改变。

所谓免疫,是指对曾经遇到过一次的抗原产生记忆,再次遇到时,就可以通过强烈的免疫应答来防止病原体感染或是极大程度地减轻症状。利用这一机制,人类研发出了疫苗。疫苗的作用机制就是预先用毒性减小或完全失活的病原体感染人体,使人体形成对病原体的免疫记忆,从而获得对病原体的抵抗力。

1798年,爱德华·詹纳证明,给健康的孩子接种牛痘可以预防天花感染。结果,证明种痘(接种疫苗)有效,将免疫机制引入了实用医学领域,而疫苗(vaccine)根据拉丁语中的"母牛"(vacca)一词被命名。

在约90年后,1890年埃米尔·A.贝林和北里柴三郎证明，在感染过少量白喉或破伤风毒素的马的血清中，存在能够中和毒素的活性物质。也就是说，疫苗的作用是由血清中的这种物质贡献的。血清中的这种物质就是抗体。因此可以毫不夸张地说，接种疫苗的目的就是产生能够记忆抗原的抗体。

那么，抗体分子是如何记忆疫苗中的抗原的呢？很明显，这同样是基因变异的结果。

在产生抗体的B细胞中，抗原刺激可以诱导AID分子（参照第28节）的表达。AID的表达会向抗体基因中引入两个遗传变异。第一个变异发生在抗体的可变区，即在抗原识别位点引入碱基置换（体细胞突变），产生与抗原结合力较强的抗体。在之前由VDJ重组产生的抗体库中，AID在能够识别抗原的细胞中表达，并向抗体基因中引入更加精细的碱基突变（图4–10）。

对大多数抗体来说，突变不会对结合起到积极作用，反而会削弱抗体与抗原的结合。但是在极小的概率下，也会产生增强其结合的抗体。那些表达能够有效结合抗原的B细胞受体的B细胞，可以摄取抗原，并将抗原有效呈递给T细胞。于是，T细胞被激活，通过细胞因子等刺激B细胞，从而使表达与抗原牢固结合的B细胞受体的B细胞发生明显的选择性增殖。

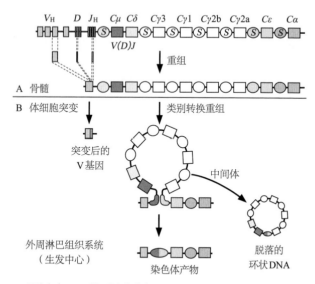

A：骨髓中由VDJ重组形成抗体库
B：外周淋巴组织（生发中心）中AID引起的体细胞突变和类别转换重组

图4-10　免疫球蛋白基因座的重组

资料来源：木下和生，本庶佑，*Nature Reviews Molecular Cell Biology*，2，493–503，2001年。

在这一系列现象中存在一种模式，即环境（抗原）会对因突变而产生的高亲和性抗体B细胞进行选择，这是达尔文式自然选择在个体内部同样存在的一个实例。于是，AID将变异引入抗体基因，抗原的记忆也就被固定在基因上，只要这个细胞还活着，疫苗的效果就会持续。

AID表达引起的第二个变化是抗体类别的改变。通常，

B细胞会产生免疫球蛋白（Ig）中的IgM抗体，但在接受抗原刺激后，会转化为产生IgG、IgE和IgA等抗体的细胞。这种变化被称为"类别转换"，在此过程中，会发生伴随基因大量缺失的DNA重组。这种抗体类别转换会使抗体的效果多样化，也就是使抗体处理与之结合的抗原的机制呈现多样化的特征。另外，它还可以为身体的特定部位合成具有专门功能的抗体。例如，IgA被分泌到黏膜和母乳中，从而防止细菌侵入，IgG则可以通过胎盘转移到胎儿体内。

很明显，AID的诞生在进化上早于RAG1和RAG2。也就是说，作为脊索动物的八目鳗或七鳃鳗体内已经存在着AID的原始类型。有趣的是，马克斯·戴尔·库珀等人证明，这些生物的抗原受体是一种名为VLR（可变淋巴细胞受体）的分子，其结构与当今由RAG1和RAG2产生的抗原受体截然不同，并且具有非常强的结合力。VLR是由原始AID分子经过基因片段连接，由名为"基因转换"的基因重组过程形成的。原始的AID与今天的AID一样，可以重构基因的结构，从而产生抗原受体。

如今的AID继承了这些原始功能，体细胞突变、基因重组、类别转换中的基因切割等，都可能是由基本相同的机制完成的。那么，为什么在脊索动物中，由AID转化而来的VLR基因执行着突变的引入，而在脊椎动物中VLR却消失了呢？

VLR消失的原因被认为是在脊椎动物进化的初期，发生了前面提到的包含RAG1、RAG2的转座子感染，并产生了新的免疫受体多样化机制。RAG1和RAG2携带了转座子的有效DNA切割方式，并融入抗体和T细胞受体的原始基因中。融入的转座子不仅带来了重组酶RAG1和RAG2，还带来了标示切割位点的DNA重组识别序列。由此，原始抗体基因片段化，随后发生基因重复和基因片段的重新组合，终于进化产生了抗体多样化的机制（即VDJ重组）。随着转座子的插入，新的免疫受体多样化机制也一气呵成。

与这种强大的机制相比，像VLR那样通过基因变换，多次反复进行同源重组，并借由尺蠖（尺蠖蛾的幼虫）形状的中间体，将小片段连接起来形成抗原受体基因，这样的机制效率要低得多，并且被认为已经消失了。另一方面，AID可以将更加精细的变异引入重组后的抗体基因中，并在抗原记忆的形成中发挥重要作用，因而被原样保留下来。在由此形成的机制中，由VDJ重组实现的免疫受体库形成和遇到抗原后的免疫记忆形成，是由两个酶系统分别承担的。

与重组酶RAG1、RAG2相比，人们认为由原始AID演化产生的VLR多样化机制更加原始。也就是说，为了促进基因组的多样化，生命体可能会直接活用很久以前就存在的基因组不稳定机制，来进行基因转换。

在原始AID诞生之后，要从一般的基因组不稳定机制中进化出获得性免疫机制，还需要做两件重要的事情。第一，是将变异频率提高1 000~10 000倍。第二，这种变异只能发生在淋巴细胞中。向生命体的现有机制中加入一点儿不同的东西，由此产生新机制的进化途径，这是非常普遍的。AID的诞生带来了免疫系统的多样化，在进化的长河中，它因具有保护自身不受感染这一优点被保留下来。然而与此同时，该机制进一步强化了基因不稳定这一常规机制，因此，AID的诞生在使免疫系统多样化的同时，也带来了增加基因组不稳定频率的风险。

为了防止这种情况出现，AID在生命体中的表达非常严格，只有在B细胞被激活时才会发生。尽管如此，当AID的表达失控时，还是会不可避免地诱发基因组不稳定化。从进化角度考虑，与因感染而导致个体在繁衍后代之前就死亡相比，因基因组不稳定而诱发癌症的风险，被权衡后认为是可以接受的风险。基于这种权衡，脊椎动物获得了精细的抗原识别和基于抗原记忆来控制感染的能力，并由此实现了一次巨大的进化，也就是飞跃性的长寿。

32. 癌症是如何发生的?

　　对生命体来说，最重要的就是生存。为此，生物有效地活用所有的遗传信息。但是，生物并不能无限期地生存，可以说生物是为了死亡而诞生的。但是，癌细胞似乎违背了这条生命法则，为了实现永生，其细胞机制发生了改变。然而，脱离了生命法则束缚的癌细胞，宣告着生物个体的终结。随着人口老龄化，因癌症而死亡的人数比例逐渐增加，这是所有国家都普遍存在的现象。那么，癌症是如何发生的呢?

对医学研究者来说，癌症研究是最大的课题。迄今为止，数量庞大的研究人员和巨额的研究经费被投入癌症研究中。其结果是，虽然我们确实逐渐积累了一些有关癌细胞的信息，但因癌症而死亡的患者比例和人数仍在不断增加。

1971年，在时任美国总统尼克松的领导下，美国政府制订了一项名为"抗癌战争"的癌症征服计划，并向美国国立卫生研究院（NIH）投入了巨额的研究经费。但是，在这个项目开展约20年后，1993年进行的专家审查评估做出了如下评价："自1970年以来，尽管向NCI（NIH下设的美国国家癌症研究所）投入了230亿美元，但与分子生物学和基础生物学的进展相比，其整体进展令人失望。"也就是说，癌症研究极其困难，特别是对其治疗方法的研究。

但是，如果说人类对癌症束手无策，也并非如此。首先，我们已经知道，许多癌症是由基因变异引起的。其次，引起癌症的基因有两种类型，即原癌基因和抑癌基因。例如，提供细胞增殖信号的基因（原癌基因）的过度表达容易引发癌症。相反地，负责抑制异常增殖机制的基因（抑癌基因）如果功能受损，也会引发癌症。

鉴于癌症是由这些基因的变异引起的，人们对基因变异的原因进行了分析。首先，在细胞分裂时，基因的复制不一定是完全准确的，由此导致的突变可能引发癌症。为了防止这种情况发生，细胞中有很多DNA修复机制，但是，这些机制并不都是完美的。

实际上，除此之外，可以引发遗传信息变异的机制还有很多。细胞内的代谢会引起DNA碱基损伤。自然界中存在的辐射和宇宙射线等，也会使我们的身体经常性地承受一定频率突变的风险。自然界中存在大量的辐射，例如在体重60千克的人体内，就存在放射量约为4 000贝克勒尔的放射性钾40，以及约2 500贝克勒尔的放射性碳14。

人们还发现，内源性基因变异也容易引发DNA的结构问题。高频率的遗传变异可以引发疾病，例如以亨廷顿病为代表的所谓三联密码子重复疾病。在有些基因中，存在由三碱基序列（例如GAG）重复构成的DNA区域。在这样的区域中，随着细胞的分裂和转录的进行，密码子的重复数量会增加或减少，从而引起基因的表达异常。

近年来，可以引发内源性突变的AID基因也受到了怀疑。有报告称，原本只在病毒感染等抗原刺激下才会表达的AID基因，在肝细胞和淋巴细胞中也有表达。如前所述，AID基因是在B细胞中引入基因变异的基因，因为其机制与基因组不稳定性有关，所以不难想象，它的表达使抗体以外的基因也更容易发生变异，如果变异目标刚好是癌基因，就会诱发癌症。实际也是如此，在AID基因高水平异位表达的小鼠体内，许多组织都发生了癌变。

在这里需要注意的是，发生基因变异并不一定意味着癌变。为了不使其增殖为威胁个体生存的癌症，我们的身体有很多保护措施。首先，大多数变异并不是有利于细胞增殖的变异，发生变异的大部分细胞都会死亡。其次，即使是发生了有利于增殖的罕见变异的细胞，其基因表达也经常会脱离正常，从而被生物的免疫系统识别，在初期就被淘汰。只有

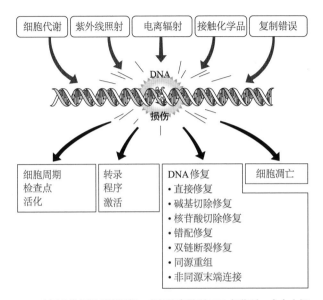

DNA会因各种原因受到损伤。当细胞察觉到DNA损伤时，会中止细胞周期，并通过激活转录相关基因来修复DNA。如果损伤无法得到修复，就会引起细胞凋亡。

图 4-11 DNA损伤引发的反应

越过如此多道防御体系的癌细胞才会增殖成大体积的肿瘤，进而压迫其所在生物个体的组织，夺取其营养，并最终导致个体死亡。这个过程需要10~20年的时间。

大部分由辐射引起的DNA损伤会得到修复。而且，正如前面已经提到的，即使发生遗传变异，也与人体是否会患癌症没有直接关系。迄今为止，在广岛、长崎、切尔诺贝利等地进行的流行病学研究中，这一点已经得到了阐明。很多医学研究者的研究结论显示，如果人在一生中接受的由事故造成的非自然辐射量在100毫希沃特以下，与我们通常受到的自然辐射以及原本就存在的各种致癌因素相比，这些意外辐射不会明显增加癌症的发病概率。

美国国家辐射防护和测量委员会推定，美国人每年受到的自然辐射量为6.2毫希沃特。另外，有些人受到的自然辐射量比世界上其他地区的人高出10倍，但也没有结论认为他们的癌症发病率明显高于其他地区的人群。我们必须正确认识到，在低辐射量区域，辐射和癌症的发病并没有直接的关系，我们的身体中存在着各种阻止癌症的机制。

33. 治疗癌症的新前景

尽管许多研究人员付出了巨大努力，而且各国政府投入了巨额预算，但迄今为止还未出现具有划时代意义的癌症治疗药物。具有划时代意义是指，这种药物可以应用于多种癌症且副作用极低。然而，最近免疫激活疗法展现了新的前景。

目前使用的癌症治疗药物可以分成几种类型，但历史上使用最多的是抑制细胞增殖的药物。这种抑制机制是，使用各种化学物质来抑制细胞的DNA合成与能量相关代谢，以及破坏DNA等。在这些方法中，有一种被称为顺铂的含铂制剂，长期以来其有效性得到认可，尽管存在很强的副作用，但仍然被广泛使用。

从原理上看，这种类型的抗癌剂不可能特异性地作用于癌细胞。毫不夸张地说，身体中所有的细胞都在增殖（除脑神经细胞以外）。因此，这类药物经常具有副作用，即对增殖旺盛的正常细胞造成损害。最容易受到损害的是骨髓细胞、肠道上皮细胞、毛发等。

然而近年来，一种与常见的代谢拮抗剂、增殖抑制剂不同类型的抗癌药物也被广泛使用。这一系列药物被称为分子靶向药物。分子靶向药物通常与特定的目标分子结合，并对它进行抑制，其中最突出的例子是伊马替尼[①]。这是一种针对癌细胞中特异性活化的蛋白质磷酸化酶的抑制剂，在日本已获准用于治疗慢性粒细胞白血病和消化道肿瘤。另外，一种叫吉非替尼的制剂是针对在肺癌中活化的表皮生长因子受体（EGFR）的抑制剂，对于治疗表达这种癌基因的肺癌非常有效。

众所周知，对于由特定的癌基因引起并且靶标已经明确的癌肿，分子靶向药物的有效性非常高。但问题在于，由特定目标癌基因引起的癌症病例相对较少，而且持续使用靶向药剂会使具有新变异的癌细胞选择性地增殖，从而使抗癌药物很快失效。

在前列腺癌、乳腺癌等激素敏感性肿瘤中，激素及其拮抗剂也可以作为抗癌药物，并已显示出了有效性。通过这类治疗，乳腺癌患者手术后的5年生存率已经得到了显著提高。

但是，近年来最引人注目的还是癌症的免疫疗法。一直

---

① 伊马替尼的商品名是"格列卫"。——编者注

以来，很多癌症医生都对癌症免疫疗法持怀疑态度。原因是在众多的癌症免疫疗法中，有些免疫疗法缺乏科学根据，或者没有得到批准就开始在私人医疗机构中施行，存在诸多弊端。

此外，这种不信任会导致难以进行适当的临床试验来获得关于癌症免疫疗法的科学证据。于是，在实践中癌症治疗的首选方法是外科手术和抗癌药物的后续给药，只有因治疗导致免疫系统功能明显受损的患者才会使用免疫药物。目前，针对几种癌症，干扰素（包括α，β，γ干扰素）等常被用于活化免疫功能。另外，使用针对特定淋巴瘤中表达的抗原的抗体来杀死肿瘤，这样的治疗方式也显示了效果。

在这样的背景下，2012年6月发表于世界权威学术期刊的文章介绍了一种划时代的免疫疗法，引起了巨大的反响。这是一种使用PD-1（程序性死亡蛋白-1）抗体的免疫激活疗法（图4-12），而PD-1是我在1992年发现的一种可以抑制免疫反应的淋巴细胞受体。

免疫系统始终在"油门"和"刹车"的共同作用下，平衡在适当水平。众所周知，如果刹车失灵，免疫系统会明显亢进，其结果就会是将癌细胞识别为异物而杀死。另一方面，在刹车较强的免疫耐受状态下，即使注射了癌症疫苗等抗原，免疫系统也不会做出反应。患有大体积肿瘤的生物会

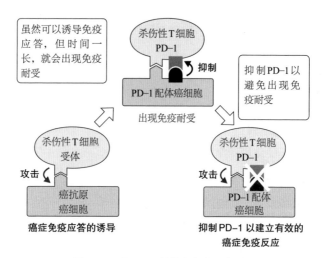

图 4-12　用 PD-1 抗体治疗癌症的机制

接触到大量的抗原，但其身体已经对肿瘤具有免疫耐受性。实际上，很多研究人员一直在研究癌症疫苗，但直到目前为止，还没有哪种疫苗在临床试验中显示出明显的效果。

　　然而，抗 PD-1 人源抗体在多种癌症的临床试验中获得了巨大的成功，并且受到了全世界癌症疗法研究者的关注。如果这种药物获得批准，很可能会在种类广泛的癌症中实现副作用极小的癌症治疗。尽管距离获得正式批准可能还需要几年的时间，但在美国和日本的临床试验中，它都得到了极高的评价，并有望在不久的将来为众多癌症患者带来福音。

34. 解析脑功能

　　复杂的神经系统功能是由多个神经细胞形成电路，并对电路中的电信号进行控制而实现的。综合来自各感觉器官的信息，从而形成的各种高阶认知和记忆功能，是由大脑中不同的局部脑区进行的。

　　脑功能的复杂程度在整个生命系统中首屈一指。理所当然，各种脑功能也是由遗传信息控制的。但是，对人类和黑猩猩的基因组序列进行破译，结果发现两者差异非常微小，至少在基因数量上没有太大的差异。尽管如此，人类的脑容量是黑猩猩的两倍，与黑猩猩相比，被称为前额叶、负责大脑综合功能的区域明显扩大。

　　鉴于脑功能的多样性，支撑这些功能的原理性机制曾一度被推测是由基因变异等引发的基因结构多样性所支撑的。但如今这种可能性基本被否定，人们认为脑活动基本上是通过电信号形成的复杂电路来执行的。

　　从脑延伸的神经细胞分支一直延伸至脊髓细胞，并利用离子膜电位的电信号进行信息传递。这在约70年前就已经在生理学上得到了确认。神经回路是由众多神经细胞形成的庞大网络（图4-13），它由神经细胞的长突起和将神经细胞彼此连接的类似插口的结构——突触——形成。一般认为，不存在所谓"记忆物质"，记忆是由神经电路和突触传递信号的强弱支配的。

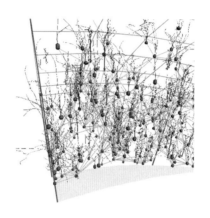

图4-13　小鼠大脑皮层神经回路的计算机模拟三维图像

资料来源：Jyh-Ming Lien，Marco Morales，Nancy M.Amato，*Neurocomputing*，52-54（28）:191-197，2003年6月。

迄今为止的脑研究表明，大脑中存在一个整合各种高级功能的中枢组织。我们能够发现这一中枢的存在，主要是对因脑功能障碍引起的人类症状进行临床观察的结果。

最著名的例子是一个名叫盖奇的年轻铁路施工现场主

管。盖奇的前额叶因炸药爆炸而受损，在此之前，他是一个精力非常充沛、执着、头脑敏锐的男性，受到人们的尊敬；但在受伤之后，他开始出现间歇性发作行为，并变得顽固，成了一个优柔寡断且毫无计划性的人。另外，从20世纪50年代开始的十几年间，数万人接受了名为"lobotomy"（脑叶白质切除术）的前额叶切除手术，作为精神分裂症的治疗方法。这是在没有抗精神病药物时代的一种选择，结果使许多患者失去了干劲儿、对外界漠不关心、注意力不集中、难以进行计划性行为。这些临床观察表明，对事物进行综合判断和理解的中枢位于前额叶。

近年来，fMRI（功能磁共振成像）方法又为大脑活动的局域性提供了进一步的证据，这种方法可以显示在外界刺激下大脑的哪些部分会产生反应，许多种刺激的大脑反应都由此得到了确认。对于语言、色觉、听觉等，我们最终发现其功能局限在有限的大脑区域，甚至是有限数量的细胞中。

在进行这种分析的同时，人们还利用动物模型，进行着破坏特定基因以分析高级神经功能的尝试。然而，这样的尝试不能说是十分成功的。其主要原因是，实验中测定的动物脑功能是否等同于人脑功能，这一点尚不明确。就动物而言，接收感官信息而发生的瞬间反射（情绪反射）等，一般被认为与人类没有显著差异。但是，要在动物中重现并测定判断力、高层次的记忆力，尤其是精神疾病的症状，这并不容易。

在接收感官信息、进行判断并产生行动的一级中枢之上，似乎还存在一个更高级的综合中枢，这一点在名为"Usher综合征"的遗传性疾病研究中得到了证实。该疾病的患者在出生后逐渐失去视觉和听觉，但最后仅剩的嗅觉会像动物一样灵敏。这种现象可以这么解释：当多种感官信号同时进入知觉中枢时，为了保持相互平衡，每种感官会受到限制，但如果只剩下一种感官，它就会成为相对较强的感觉。

另一方面，大脑的高级功能显然取决于从胚胎期到发育期形成的神经回路，而不是单个基因的表达。以网络形式描述大脑回路的方法再次引起了关注。这个想法并不是新鲜事物，约从20世纪50年代开始，人们就通过微电极刺激大脑各个部位来研究大脑中究竟有怎样的电流在流动，这类研究已有很长的历史。然而，要搞清楚用怎样的解剖学操作，才能将用微电极刺激的神经轴突与功能性电路之间相互对应，这一点并不容易。

就在最近，一种具有划时代意义的方法诞生了，这种方法名为光遗传学，它用到了名为衣藻的藻类中对光敏感的一种离子通道型受体（视紫红质通道蛋白）。人们已经了解，视紫红质通道蛋白会对特定波长的光产生反应，使阳离子通过。通过基因操作，可以在活体小鼠的神经细胞中表达视紫红质通道蛋白，并进行局部光刺激，这就建立了一种对特定神经元进行非侵入式激活的技术。利用这一技术，就能够解释用以往的方法难以理解的脑功能和神经通路的关联。通过这样的瞬间光照，有可能制作出非侵入式的、效率极高的、正确的神经回路图，目前这方面的研究正在全力进行中。

今后，随着对大脑形态和功能的综合性理解的推进，我们将可以对大脑的整体功能进行解析，从根本上理解脑科学这个当今生命科学中最神秘的领域。这一天的到来或许将不再只是梦想。

35. 理解神经回路中的信息传递和调控

神经突触处的信息传递是通过化学物质的释放、扩散以及与受体的结合来完成的。神经系统的控制依赖于不同种类的化学物质，大致分为兴奋性物质和抑制性物质两类。突触处的信息传输速度比神经细胞内部的电信号慢，因此更适合调控。

解析基因组以揭示脑功能取得的最大成就，是揭示了与神经细胞之间信息传递相关的神经突触中各种分子的作用。神经突触通过化学物质的释放及其与受体的结合，将兴奋传递给下一个神经细胞，从而在两个神经细胞之间进行信息传递（图4-14）。每个神经细胞内部的信息传递都是通过电信号进行的。与之相比，突触上通过分子扩散进行传递的速度要慢得多，对突触活动的调控可以实现对神经回路的复杂控制。

存在于突触中的神经递质，包括20世纪初发现的乙酰胆碱和去甲肾上腺素等。从那以后到现在，已经能够明确的

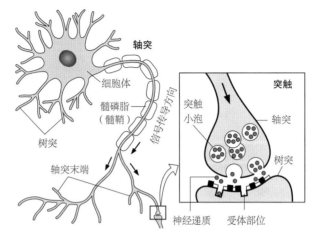

图 4-14　神经细胞的轴突和神经突触的信息传递机制

资料来源：www.educarer.org（2006）。

是，多巴胺、5-羟色胺、谷氨酸、L-谷氨酸的变异体衍生物——GABA（γ-氨基丁酸）各自在神经末梢发挥着独特的功能。另外，通过基因组解析，对受体的结构和功能进行进一步分析，结果显示对信号的控制是由不同的受体进行的，而不同受体之间可以相互调控。例如，GABA 受体通常负责传递抑制性信号，同时可以拮抗兴奋性的谷氨酸受体，以此参与对神经信号传导的控制。

　　为了分离由下丘脑分泌的激素，罗歇·C. L. 吉耶曼和安德鲁·V. 沙利之间展开了激烈的研究竞争，一举开拓了这个领域。以 1968 年的促甲状腺素释放激素为开端，生长激素释放激素、生长抑素等过去被预测有可能存在的激素，以及促肾上腺皮质激素等类似的具有生理活性的物质被陆续分离出来，将这些物质应用于医学的相关研究也在积极进行。

在这个领域，长期以来采用的研究方法是分离和纯化神经元中存在的微量多肽，确定其氨基酸序列，再以此为基础合成人工产物，并确认人工产物是否具有相同的生理活性。因此，人们进行了很多神经肽鉴定与功能相关的研究。

近年来，作为基因解析的结果，新的神经肽不断被发现。京都大学的中西重忠和沼正作阐明了ACTH（促肾上腺皮质激素）基因的序列。该基因产生的多肽中，除ACTH之外，还有脑啡肽、β-MSH和γ-MSH（两种促黑素）等许多生理活性完全不同的激素和肽，也就是说，该基因的表达产物可以分解产生多种激素。

脑啡肽还是被分泌到大脑中，这暗示着它与神经传导有关。脑啡肽具有麻醉作用，能减轻疼痛，给人带来快感。有一种说法认为慢跑之所以让许多人欲罢不能，就是因为如果坚持慢跑，大脑中会条件反射地分泌脑啡肽。

神经肽的生理活性极其丰富多彩。例如，由28个氨基酸组成的被称为VIP（血管活性肠肽）的多肽，通常在血管系统和平滑肌中作为激素发挥作用，可以增加血流量、降低血压等，但也会刺激内分泌激素（如催乳素和胰岛素）的分泌，影响代谢系统。VIP的化学结构与其他具有完全不同作用的激素（如促胰液素和胰高血糖素）也有相似之处，在某些动物中，它可以比促胰液素更强烈地刺激胰腺的外分泌。

VIP还局部存在于脑神经细胞的分泌囊泡中，在神经细胞兴奋时分泌。人们认为它在脑内同样可以调节血管中的血流量，从而调节该血管支配区域的神经活动。此外，VIP存在于脊髓中腰骶部的神经细胞中，最近有研究认为，它还与男性性器官的勃起密切相关。

很多神经肽已经得到分离，其令人惊讶的生理作用也已被阐明。其中，瘦素/瘦蛋白的发现让很多人感到惊讶，并激起了人们对其应用的兴趣。1994年，洛克菲勒大学的杰弗里·M.弗里德曼等人成功鉴定出瘦素基因是遗传性肥胖小鼠的致病基因。之后的研究表明，瘦素由脂肪细胞分泌，并与下丘脑中的瘦素受体结合，从而起到抑制摄食中枢的作用。研究还表明，人体中也会发生瘦素分泌异常。在小鼠、大鼠和人类中，瘦素都以相同的机制发挥作用。目前，利用这一机制的瘦身药物正在开发中。神经系统中的各种多肽与许多器官之间存在信息交换，这一机制强有力地表明内分泌系统和神经系统有着共同的进化起源。

对各种神经肽的基因进行分析，以及对陆续发现的序列进行比较，就会发现有一组神经肽的序列显示，它们来源于共同的祖先。另外，在神经组织和肠道中也有很多相互类似的多肽。据推测，这是因为原始的神经肽不仅与激素（内分泌物）同源，而且可能与消化系统分泌的外分泌物有着共同的起源。

36. 寻找引发疾病的基因

可以毫不夸张地说，所有的疾病都是遗传因素和环境因素综合作用的结果。遗传因素导致的主要是先天性遗传病，但由基因后天性异常引发的癌症也被认为是基因病。至于由多种遗传因素和环境因素综合引发的生活方式病，其具体机制的阐明还有待进一步研究。

人类为什么会患病呢？致病原因基本上包括遗传因素和环境因素两类。与遗传因素毫无关系的应该是传染性疾病了。但即便是传染性疾病，在感染病原体后，每个人遗传背景的不同也会使症状的严重程度产生很大区别。如果与免疫系统相关的基因出现异常，在很多情况下，即使只是感染了在普通人身上没有明显症状的传染病，也会很容易发展成疾病，甚至是重症。

例如：人们已经知道，与固有免疫（先天免疫）有关的基因会使人更容易感染麻风病。有些人在流感中会表现出特别严重的症状，其背后也有基因的作用。同样地，人们对HIV（人类免疫缺陷病毒）的抵抗力，也因个人免疫系统基因的不同而有显著差异。最近人们发现，与淋巴细胞迁移有关的CCR5基因发生特定突变的人，具有HIV感染抵抗性（不会感染HIV）。对于曾经流行的鼠疫，这个基因突变也表现出感染抵抗性，因此有人认为这种基因突变来自欧洲鼠疫大流行时期的幸存者。

另外，不受环境因素影响而发病的疾病被称为遗传病。一直以来，在很多情况下，人们都不知道遗传病的病因，因此也认为遗传病是无法治疗的。但是到了今天，人们对遗传病病因和诊断的理解正以惊人的速度发展。被研究得最深入的疾病之一，是长期以来就被人熟知的镰状细胞贫血。它是由血红蛋白（珠蛋白）β链基因中单个氨基酸的改变引起的，基因中只有一个碱基被替换（图4-15）。

日本研究者查明了家族性淀粉样变多发性神经病的病因。患有这种疾病的患者进入壮年期后，会发生自主神经障碍，并在病发后10年左右死亡。对患者的基因进行检测后，研究者发现一种名为前白蛋白的血液蛋白的基因中，第30个密码子编码的氨基酸由原本的缬氨酸置换成了甲硫氨酸（核苷酸序列由GTG改为ATG），所以现在已经可以通过DNA检验，在患者发病之前就确诊这种疾病。

在DNA层面上对遗传病进行可靠的诊断会涉及个人信

正常成年人血红蛋白的 **HBB** 序列

核苷酸	CTG	ACT	CCT	GAG	GAG	AAG	TCT
氨基酸	Leu	Thr	Pro	Glu	Glu	Lys	Ser
	|			|			|
	3			6			9

突变体成年人血红蛋白的 **HBB** 序列

核苷酸	CTG	ACT	CCT	GTG	GAG	AAG	TCT
氨基酸	Leu	Thr	Pro	Val	Glu	Lys	Ser
	|			|			|
	3			6			9

图 4-15 正常人及镰状细胞贫血患者的血红蛋白 β 链（HBB）基因

注：镰状细胞贫血患者的 HBB 基因序列的第 6 个氨基酸密码子中有从 A 到 T 的突变。

息，这在社会上引起了争议，但至少就隐性遗传病而言，这种方法可以给不幸的婚姻组合（夫妻双方都是携带者）提供建议。毫无疑问，找到致病基因是迈向治疗的第一步。如果明确了致病基因，就有可能开发出有针对性的治疗药物。

基因病一词的范围比所谓的遗传病更广，它包含由基因异常引起的所有疾病。因此，除了所谓遗传病之外，如果患者从父母那里遗传到了正常的基因，但由于环境因素，基因发生变异从而引发疾病也被认为是基因病。例如，癌症可以说是典型的基因病。致癌化学物质或病毒会使基因发生变异，从而破坏正常细胞的增殖周期，引发癌症。

有一种说法称，衰老现象是突变期积累导致干细胞功能降低而造成的。但由于衰老现象与很多非常复杂的因素有关系，所以还不能断言它是基因病。

另外，对于高血压、糖尿病等所谓的代谢病，人们认为是环境因素和遗传因素的相互作用引发的，涉及的基因数量很多。基于这种想法，在过去约20年中，人们持续致力于收集患者的DNA，想要找出与疾病具有高度关联性的遗传变异。这种研究被称为"全基因组关联分析"（GWAS）。这种研究方法曾被认为非常有效，因而备受期待，全世界范围内都有大量的研究经费投入其中。但是后续的研究成果不尽人意，使得研究者当初的热情多少有所下降。

首要原因是，对患者数量众多的生活方式病来说，显然有许多遗传因素综合在一起，所以很难找到有统计学意义的致病基因。其次，这些研究主要是在寻找单核苷酸多态性（SNP）位点，即检测基因中单个碱基的个体差异。全基因组碱基序列的测定需要投入大量的时间和经费，但是检测到的SNP变异未必一定与功能有关。况且，单个碱基突变带来的相对风险平均来讲比较低，因此不能直接用于疾病的诊断。再次，在进行这些研究的过程中，最重要的前提是医学上对疾病的诊断必须正确，如果被研究的病例不是由同样的原因引起的，研究就失去了意义。实际上，即使是具有相同症状的疾病，其原因也可能是各种各样的。对于有些疾病，例如精神疾病，不同的医生可能会给出不同的诊断，那么研究会变得非常困难。

　　尽管如此，通过针对SNP的GWAS方法，人们还是发现了很多以前不知道的遗传因素，以及引发遗传病的致病基因。通过对这些基因的分析，人们还发现每个人对药物的敏感性不同。例如，易瑞沙（吉非替尼片）是一种常见的肺癌特效药，人们发现它对表皮生长因子受体基因变异引发的癌症极为有效。以此为标志，就可以筛选出适合使用易瑞沙的患者。另外，是否对抗凝血剂华法林过敏，也与遗传背景明确相关，这一发现为减少不必要的医疗费用、维持患者的生活质量（QOL）做出了巨大贡献。

　　还有一个大问题是生活方式病，它是由许多遗传因素的汇集和生活环境因素的累积共同导致的。要明确这类疾病的病因，需要用到我们将在后面讲到的大规模基因组测序方法。

第五章

从基因组看到的生命图景

基因工程技术的出现让我们看到了更加清晰的全新生命图景，也改变了我们的"生命观"。

　　自20世纪后半叶以来，科学技术的进步给社会结构带来了巨大的变革。

　　尽管政治上依然如故，但经济和生活方式正在发生变化，人们也在探索新的价值观。

　　生命观的变化影响着21世纪的新价值观，并推动着世界的发展。

37. 打破常识并改变世界观的科学进步

正如亚里士多德所说："求知是人类的本性。"人类无止境的好奇心是推动自然科学发展的原动力。

说起自然科学，很多人认为它主要关注先进的应用技术，以及它们带来的、我们正在享受的种种便利。对于这种观点的形成，媒体的报道方式负有重大责任，因为大众媒体认为，强调科学技术的效用可以使自然科学更容易被理解。

另外，科学相关的行政管理者也有这样的误解。如果把科学研究的重点放在考虑实际应用的研究上，那么研究者只会追求预期中的成果。和这些事先可以预期的研究成果相比，那些意想不到的发现反而常常会为社会带来更大的冲击。这是因为科学上的重要发现常常会打破常识。迄今为止，生命科学领域的重要发现总是出乎研究人员的意料。内含子的存在、RNA剪接、DNA重组带来的免疫多样化、微RNA的调控作用……不胜枚举。

自然科学发展带来的新知识，一直在改变着我们对事物的看法，以及我们的世界观。以我们的宇宙观为例，从中世纪的地心说到后来的日心说,在这个转变的过程中,科学家进行了艰苦斗争。但是今天,我们已经可以通过每家每户的电视机领略从宇宙飞船上看到的地球全貌。此外,日本的隼鸟号小行星探测器耗时7年,将小行星糸川上的物质带回了地球。在这样的时代,我们可以亲眼看到宇宙的广阔和它的真实面貌。我们可以在电视上看到地球是圆的,所以即便是小孩子,也不会相信地心说所描绘的宇宙面貌。

图5-1 小行星探测器隼鸟号和小行星糸川
资料来源:池下章裕。

我们的生命观也因前面章节中所提到的生物学革命发生了很大的变化。被生命的不可思议所打动的人,都会感到生命的活动方式充满神秘色彩。但是毫不夸张地说,近年来生物学知识的增长，已经使生命的神秘性大大降低，一种以物质为基础的新的生命观得以确立。

然而，这种新的生命观还没有被所有人接受。例如，今天仍然有许多人相信《圣经》中所描写的生命的诞生：上帝在七天内创造了世界，以及世界中的所有生命。某些国家或地区的法律甚至规定，必须在学校教育中向学生讲授宗教性的生命创造论。也许是出于对这种现象的讽刺，霍勒斯·F. 贾德森将他的一本书命名为《创世纪的第八天》，这本书记述了20世纪后半叶由分子生物学发展带来的新生物学革命过程中的种种轶事。

对生命观产生了重大影响的分子生物学发现，可以概括为以下几点。第一，研究者揭示了遗传物质的结构，并证明所有物种的遗传物质都是相同的。由此，"地球上的所有生命都是相互关联的"成为难以动摇的事实。我们可以在大肠杆菌中合成人类的胰岛素，没有什么比这个实验更能证明人体的基本结构与微生物相同这一事实了。今天我们已经知道，从远古时代开始，地球上发生了一系列非常罕见的偶然事件，由此产生了第一个生命体，从那时开始，历经几十亿年的进化才形成了现在地球上的所有生命，而人类便是其中的一员。

第二，遗传物质绝不是一成不变的，而是处于高度活跃的变化之中。这一发现告诉我们，生命的设计图并不像混凝土建筑的设计图一样是静态的，而是具有非常大的灵活性和兼容性。我们的生命活动是由富于灵活性和兼容性的多样化系统层层控制、精确平衡的。由于这种机制的存在，我们可以超越有限基因组信息的限制，获得丰富的多样性。

第三，我们发现遗传信息在个体之间存在显著差异，这为每个人的个性尊严提供了生物学基础。每个人的生命都是珍贵的，并不是因为我们是人类，而是因为我们都有个性，都拥有别人所没有的、自己独有的基因，因此，每个人都应该受到尊重。

38. 生命的偶然性和必然性

生命的存在充满着偶然性。说起来，地球上有生命诞生就像是在惊人的低概率条件下连续中了彩票一样的偶发事件。人们认为即使是在地球这种极其有利的环境条件下，远古时期的有机物质中诞生独立生命体的概率，恐怕也是非常低的，这样的事情很难发生第二次。因此，如果我们试图用计算机来还原生命体的进化历史或者预测今后的进化方向，大概也没有成功的希望。另一方面，也有不少物理学家认为，生命的诞生可以（或者说他们希望可以）用宇宙诞生以来就未曾改变过的物理定律的必然性来解释。持有这种观点的人认为，虽然每一步反应发生的概率都很低，但是在地球诞生以来46亿年的漫长时间里，以及整个地球的广阔空间中，这一系列反应是完全可能发生的。相反地，也有人认为，这些反应发生的概率如此之低，以至于生命不可能在约46亿年的时间内从零开始在地球上诞生，生命体（或者其组成要素）很可能是从宇宙中的其他地方来到地球的。

长期以来，人们一直将进化与进步这两个概念联系在一起。这可能是因为在新达尔文主义的思想中，进化是与向前发展（进步）的价值观相互关联的。达尔文主义的狂热启蒙运动家赫胥黎也在他的著作中明确表示："进化是包含进步要素的善。"

与此相对，木村资生的中立学说认为"进化只是变化"（参照第24节）。也就是说，基因变异中没有善恶价值观。基因的变化不会区分进步还是退步，而自然选择会利用死亡来排除个体，从而决定进化的方向。所有的现象都是极富偶然性的，这些偶然性的产物（新的物种和个体）可能会在特定的环境和条件中，繁衍出比其他个体明显更多的后代，也可能会因为偶然的因素从这个地球上消失。

如果重来一次，是否一定会演化出和我们一样的人类，并且成为万物灵长、地球霸主呢？这一点非常值得怀疑。

以恐龙为代表的爬行动物的兴衰史，正是一个能够证明这个观点的例子。恐龙在大约2亿年前出现，并在从那时起到距今约1亿年前的很长一段时间里，作为陆地的霸主君临地球。在某个时候，可能是距今约1亿年前的白垩纪末期，这些中生代的地球之主突然从地球上消失了。对于恐龙消失的原因，科学界一直争论不休。

但是近年来，出现了一种非常有力的假说，也就是陨石说。这种假说认为，大型陨石撞击地球，使地球的气候发生了急剧变化。由碰撞产生的细小颗粒飞舞在空中，遮挡了阳光，从而降低了地球的温度，导致了恐龙的灭绝，是广阔宇宙中两颗天体的偶然相撞，决定了地球霸主的命运更替。

恐龙的灭绝引发了被称为"哺乳动物（适应）辐射"的事件，也就是说诞生于2.2亿年前但是一直都处于弱势地位、勉强存活的哺乳动物在短时间内繁衍出大量后代，并且分化为许多不同的物种，又不断进化。

在哺乳动物辐射的过程中，灵长类动物诞生了，最终在大概600万年前，黑猩猩和人类在非洲分化为不同的物种。20万年前，今天人类的直接祖先——智人在非洲诞生，并扩散到世界各地。今天，我们能够生活在地球上并成为地球霸主，这一命运可能是由极为偶然的宇宙恒星的运转所决定的。

对很多人来说，认为生命的诞生和进化是必然的，或者认为进化过程是不断前进的，都是一种宗教性的诉求。可能是因为这样的信仰可以给人慰藉，所以一直以来才会被许多人相信。

然而，随着进化研究的深入，人们或许将会越来越清楚地发现，生命的历史是受偶然性支配的。

如今我们知道，即使是在个体发育这个短暂的过程中，也充满着反复发生的各种偶然性基因变异。对细菌感染的防御、肠道细菌引起的食物代谢稳态，也会影响我们的基因。生命的存在充满偶然性，对这一事实的认识完全改变了我们对生命的理解。

正如20世纪进化生物学的代表性人物T. G. 多布然斯基所说，"若无进化之光，生物学毫无道理"，今天的生命现象是由过去的历史累积而成的。生命可以灵活运用已经存在的机制，从而产生新的功能，不断进化。如果说进化是一部电视剧，虽然它没有确定的剧本，但是已经发生的故事无法改写。这样看来，进化的必然性已经被铭刻在了今天的生命体中。

39. 生命的灵活性

当我们惊叹于生命体极其精致、巧妙的结构时，就很容易产生一种印象，认为生命是遵循着某种绝对精确的设计图运行的。自克里克提出"遗传信息总是固定地从DNA向蛋白质单方向流动"的中心法则以来，很多人都会以为基因全知全能地决定着生命过程，生物体的所有活动似乎都是由基因单方面决定的。但是，进一步仔细研究就会发现，DNA也可以由RNA合成出来。很显然，生命体的设计图本身，就是非常灵活而富有适应性的。

生命设计图具有适应性，最简单的体现之一就是在个体的一生中，细胞中的基因可以发生变化。脊椎动物免疫系统中的抗体基因和T细胞受体基因都是代表性的例子，清楚地展示了这一点。此外，有很多例子显示，有些生命系统需要具备多样性才能正常运行。前面章节中介绍过的布氏锥虫（一种在非洲常见的，引发非洲睡眠病的病原体）的表面抗原，以及淋球菌的纤毛都是这样的例子（参照第25节）。

核酸的构成成分核苷酸有两种合成途径，一种是在体内合成其基本骨架，另一种则是直接利用从食物中摄取的分子骨架，这两种途径都可以产生核苷酸。此外，生物的防御系统并非只依赖于抗体，固有免疫、细胞免疫等多种免疫系统也同时存在。即使是最基本的遗传密码的密码子，也并不是一个密码子对应一个氨基酸，而是通常由多个密码子编码同一个氨基酸。

细胞的分化是生命中最让人感到神秘的过程。一个细胞的命运不是完全被事先决定的，而是具有相当大的灵活性，在与周围环境的相互作用中，由偶然性因素最终决定向右还是向左走，这一点已经变得越来越明确。小川真纪雄（南卡罗来纳医科大学）的研究显示，存在于骨髓中的干细胞经历一系列分裂过程，最终分化成白细胞、红细胞、淋巴细胞、巨噬细胞、肥大细胞等多种血细胞，但这个过程极富偶然性。

神经系统的分化也与此类似。在鸡雏身上进行实验发现，神经系统的发育过程中有大量的细胞死亡。这种神经细胞的死亡经常发生在细胞分化过程中。人们猜测，在神经细胞的分化过程中，可能会产生数量多于所需的神经细胞。这些细胞需要接受选择，不合适的细胞会死亡，只有合适的细胞才能存活，完成分化，成为具有正常功能的神经细胞。

如果切断神经纤维，并密切追踪神经纤维的再生过程，就会发现神经纤维的末端反复试错，向各个方向长出分支，最终只有与目标神经细胞成功接触的那一条分支才会茁壮成长。在许多分泌腺的发育过程中，分泌腺中的管道并不是一开始就存在的，而是在管道位置的细胞死亡之后才形成，这一点已经得到确认。

生命体并不是一开始就稳稳当当地走在一条确定的道路上，而是具有一定的容错性和多种可能性。对生命体来说，这大概是维持生命稳定的基本保障吧。

40. 生命的有限与无限

生命科学的最大特征是，它受到基因组中有限信息的限制。

我们在第4节提到过，物理学中证明"事物不存在"是不可能的。这是因为我们无法区分不存在和不能检测。但是在生命科学中，我们可以断言基因组中没有记载的信息就是不存在的。我将生命信息的这种明确的有限性，称为"基因组之墙"。

令人惊讶的是，人类的DNA信息和昆虫等的DNA信息之间，在数量上并没有明显的差异。昆虫的基因有1万多个，据推测，人类的基因大概有2万多个。然而，毫无疑问，人类所具备的生命功能和昆虫所具备的生命功能之间存在着巨大的差异。

正如达尔文所设想的那样，生命跨越基因组之墙而不断进化的道路，不是一条已经被规定好的道路，而是由基因进行大量试错的结果。以达尔文也无法解释的眼睛的进化为例，根据生物种类的不同，眼睛的形状是非常多样化的。从昆虫那样的复眼，到扇贝那样用凹面镜来汇聚光线的眼睛，还有像人类和很多脊椎动物那样通过透镜（晶状体）汇聚光线的眼睛，诸如此类，多种多样。

另外，存在于晶状体中的透明蛋白质被称为晶状体蛋白，不同生物物种所使用的晶状体蛋白也各不相同。例如，青蛙使用的蛋白质与能够使血压上升的前列腺素F聚合酶几乎相同，鸡则使用了尿素通路中的精氨基琥珀酸裂解酶，这些蛋白质在晶状体中的作用与它们本来的功能毫无关系。晶状体中的蛋白质几乎不发挥任何生理功能，只需要保持透明、维持晶状体的弹性就足够了，因此，可以选择任何符合要求的蛋白质来扮演这个角色。另一方面，在发育过程中要形成晶状体原基，各个物种都需要同一个基因：Pax6。而另一个名为Rax的基因则决定了所有脊椎动物视网膜的形成。在进化过程中，保守的一贯性和根据局部做出的随机调整同时存在，这一点非常令人震惊。

那么，为什么仅仅2万~3万个基因就能产生生物的多种功能，以及数量庞大的物种呢？其中的主要原因有两点。第一是基因的重复和变异。基因变异的主要作用是在进化中使物种多样化。但是，在免疫系统中，它也被用于个体防御。第二，有限的基因信息可以互相组合，并接受复杂的多级调控。在决定细胞命运的过程中，基因会在不同的时间被表达

（级联），于是在某个特定时间形成特定的基因表达组合，相邻的细胞之间也会互相影响，使不同位置的细胞表现出不同的基因表达组合，这样就可以使细胞展现出许多不同的状态。

最近，人们又发现了一种全新层次上的基因表达调控方式，被称为"微RNA"。这些不编码蛋白质结构的小RNA（约20个碱基的RNA）与mRNA的稳定性和翻译效率密切相关。微RNA是由基因组中那些曾被认为并非基因的各种各样的区域产生的，其中一部分来源于内含子区域。现在人们认为，人类有近1 000种微RNA。一个微RNA可以调控多个基因的翻译，再考虑到不同微RNA之间的组合，其调控能力将接近无限。

从地球上生物物种的多样性中，我们可以窥探到生物的无限性。到目前为止，有记载的生物物种约有180万种，据估计，还有1 000万种未被发现。人们还发现了不可思议的龟和鱼类的新物种，它们生活在巴西沙漠，只在雨季才出现在地面上，今后我们一定还会不断地发现新的物种。

实际上，在各类生物中，物种数量最多的是细菌。我们的肠道中存在着各种各样的细菌，其数量之多超乎想象。这些细菌中的大部分都很难培养，所以人们采用了不培养细菌的方法，转而直接扩增DNA，并根据DNA测序结果来确定细菌种类。这种方法被称为"宏基因组"，是一个全新的领域。这种方法与解读人类基因组时使用的方法类似，都是随机读取大量的碱基序列，再通过其片段的重叠来拼接出完整的序列。这种方法可以应用于对深海细菌和地下深处细菌的分析，以及对生态系统变化的分析等。

　　总而言之，生命可以跨越基因组的有限壁垒，获得几乎无限的多样性。但是我们还不知道，这种看似无限的多样性是为了在地球的多样化环境中生存而出现的，还是为适应可能出现的地球环境急剧变化而存在的。

41. 眼光长远的人类基因

人体的设计图中有很多没有意义的部分。直到最近，人们还认为基因就像沙漠中的绿洲，零星散布在毫无意义的基因组序列之中。但是，随着碱基序列测定工作的大规模推进，人们发现基因组DNA中有约70%都会被翻译成RNA。也就是说，我们已经明确知道存在着大量没有被翻译成蛋白质的RNA。

然而，在大肠杆菌等微生物的基因组中，几乎没有无用的部分。其设计图是由基因和基因密密麻麻地排列在一起而形成的，这可以说是效率极高的设计图制作方法。

人类淋巴细胞中，抗体基因的可变区片段（V、D、J）进行自由组合，产生多种多样的基因。除了这些片段之间的自由组合之外，抗体可变区的基因还会以高于其他基因1 000倍的高频率发生突变，结果就形成了极其多样化的可变区基因群。

这样的基因自由组合和变异，必然会在产生很多现在就有用的抗体基因的同时，也产生很多毫无用处的基因。不仅如此，其中甚至还会产生对个体有害的基因。

这种基因自由组合和变异的体系，告诉了我们很多道理。例如，为了完善防御系统而产生的多样性，在某些情况下可能会成为一把双刃剑，产生会攻击自身细胞的抗体。但是在付出这种代价的同时，它也会帮助我们做好防御外敌的准备。

前面说到，人体会产生很多"无用"的抗体基因，但仔细想想，这种"无用"是从今天的视角进行的评价。如果我们从更全面的视角重新思考，考虑到时代和环境条件的变化，这些在今天被认为无用的抗体基因，在将来是不是真的永远都无用呢？

例如，我们的身体可以产生一种抗体，它可以对一种叫作二硝基苯酚的有机化合物做出反应。二硝基苯酚是一种非常重要的物质，我们怎么也想不到像这样的有机物有可能会成为外敌。但是无论如何，我们可以产生针对二硝基苯酚的抗体这一事实，意味着我们身体中的抗体基因系统已经具备了足够的多样性，为迅速应对将来可能遇到的新的外敌做好准备。

举一个具体的例子，人类免疫缺陷病毒（艾滋病病毒）从几十年前开始才第一次感染人类，但是我们已经具备了产生针对艾滋病病毒的抗体的能力。尽管如此，艾滋病病毒还是会引发免疫缺陷，这是因为艾滋病病毒破坏了有助于产生抗体的辅助性T细胞。

从今天的视角来看，为未来准备的部分可能是毫无用处的。但是，正因为我们的设计图中包含着这些多余的部分，它才能产生如此出色的防御系统，让人类种群如此繁荣并掌握了地球的主导权。

在人类遗传信息的整体（基因组）中，也有很多假基因等在今天看来毫无意义的区域。但是，不能排除这种可能性：通过基因的重组、转移等过程，至少有一部分"无用区域"可以转变成有用的基因。这些"留白"不是浪费，对人体设计图来说，它可能是为未来做出准备的重要部分。不包含留白的大肠杆菌，也许是对未来展望得太少了。

像这样，从我们设计图的组成来考虑，似乎可以领悟到所谓无用之物的效用。如果直接砍掉无用之物，说不定也会同时扼杀向未来发展的萌芽。

42. 看待生命的价值观

生命之珍贵是无论如何都不容否认的，这一表述意味着如果将生命与没有生命的物质进行比较，那么生命一定比任何物质都更加宝贵。与此同时，这其中也隐含了对一种价值观的认同，即生存对生命体来说是一种"善"。

然而，生命是以物质为基础的，生命活动由多种物质的高级组合造就，这是一个毋庸置疑的事实。人们越来越清楚地意识到，作为生命体中最高级的功能，精神活动也是以物质为基础的。然而，生命与物质是截然不同的。DNA是物质，但不是生命。生物体中的任何一种组成成分，都与完整的生命体有着本质区别。

那么，作为生命的基本单位，细胞是生命吗？我们可以在试管中培养动植物的细胞。这些培养的细胞是不是生命，是一个难以回答的问题。培养的动物细胞能够增殖，并且拥有各种复杂的功能。然而，动物细胞可以分裂产生与自己相同的细胞，却不能产生完整的个体。也就是说，它缺乏严格意义上的自我复制能力。

植物细胞与此不同，单独一个细胞就可以产生胡萝卜、西红柿等完整的植物。而且，在试管中生存的细胞，其实与大肠杆菌这样的的单细胞生物没有什么区别。如果我们将大肠杆菌等单细胞生物认定为生命，那么它与试管中的细胞究竟有何区别呢？这仍然是一个难以回答的问题。

我认为，在由多个细胞构成的生命和大肠杆菌等单细胞生物之间，是否存在生命价值的差异，是一个在科学上难有定论的问题。在生活中，即使是杀死了几亿个大肠杆菌，我们也丝毫不会产生罪恶感。这是因为尽管我们可能没有意识到，但是很明显，我们都认为人类生命的价值是其他物种的生命无法比拟的。

仔细想想，这是人类自私的价值观。对其他物种来说，这样的想法应该是完全不可理喻的吧。

在人类生命形成的过程中，即从受精卵到个体发育的过程中，要判断其从哪一个时刻开始成为一个与人类相同的生命，而此前并非生命，也是一个非常困难的问题。关于这个问题有各种各样的观点，有些地区完全不认可堕胎，而日本的法律规定了界限，在此界限之后的堕胎会被认定为死产（胎儿在分娩过程中死亡）。受精卵虽然只是一个细胞，但是毫无疑问，它最终会成为一个生命。

价值观是相对的

我们看待生命的价值观会因各种因素而发生动摇。比如，是否应该根据家人的要求，认定处于植物人状态的人已经死亡？对于这个问题，我们很难给出统一的答案。在这样的情况下，可以毫不夸张地说，生命的价值与重量受到了动摇。我们首先应该认识到，价值观是相对的，一个人所处的社会地位和相对条件，会使其价值观产生各种各样的变化。

例如，在连成年人都即将饿死的战乱、干旱地区，如果有人高喊着堕胎都是罪恶的，一定很少有人会去理睬他。对植物人的处理方式也是如此。有谁能确定地说，哪一种做法才是正确的呢？我们不能将价值观强加于人，包括生命问题在内。在市场经济中，医疗也被看作商业买卖的对象，这就使许多问题变得环环相扣、更加复杂。（日本）法律一方面禁止买卖器官和卖淫，另一方面却又默许代孕行为。

在这样一个时代，没有一个放之四海而皆准的通用解决方案。对于代孕、器官移植、基因疗法等问题，医生们必须针对每一个人的实际情况，对所有因素进行综合判断，才能做出决定。

43. 个人尊严与克隆人

人们常说人人平等，但是很多时候我们会怀疑到底是不是这样。在运动能力、艺术能力、身高等方面，人与人之间都存在显著差异，人类是高度多样化的。

所谓人人平等，一般来说只是意味着人们"在法律层面上必须享有平等的待遇"。每一个人都拥有各自不同的体格和能力，这又反映出人类"在基因层面上是各不相同的"。

实际上，对人类基因组碱基序列进行比较的结果证明，这是完全正确的。人类基因的差异之大，出乎人们的意料，例如：所有人似乎都拥有同样的红色的血红蛋白，但如果从碱基序列的水平来看，血红蛋白基因的序列其实是各种各样的。这种现象被称为"基因的多态性"。

基因的多态性是使人类在自然界中生存至今的极其重要的条件。例如，在现在的美国黑人群体中，镰状细胞贫血是一种常见的血液遗传病，但是在非洲，导致这种疾病的基因却是一种对疟疾具有很强抵抗力的非常重要的基因性状。由此可见，当环境发生变化时，一些意想不到的基因反而可能成为有利于人类生存的重要基因。我们可以认为，为了做好准备，人类这个物种将各种各样的基因多态性分别保存在了每一个不同的个体中。在这里，我们也要充分认识到，价值观是相对的，而且是不断变化的。

新的人类观

今天，与其说每个人都拥有有尊严的人类的生命，所以应该平等地受到尊重，倒不如说每个人拥有各自不同的基因，并且承载着无法被任何其他人所取代的多样性，所以才更应该受到尊重。

按照这样的想法，所有试图制造出更多符合特定价值观、对社会有用的人的尝试，从生物学的角度看，都是危及人类存在的做法。

在这样的尝试中，最可怕的莫过于科幻小说中出现的所谓克隆人。我们可以很容易地判断，制造出大量具有完全相同基因组和出色能力的人，对人类社会是否有益。克隆人就是一个很好的例子，它可以说明仅凭特定的价值观来衡量生命是多么愚蠢。

基因多态性意味着在所有个体中都有某些优秀的基因，同时有某些有缺陷的基因。在大多数情况下，这些缺陷基因是隐性遗传的，因此只有当从父母双方都遗传到相同的缺陷基因时，这种缺陷才会表达出来，而大多数携带者不会发现这种缺陷基因。

即使确实存在后代发病的可能，遗传病基因的携带者也没有必要为生育后代而担心。科学研究已经证明，在自由交配的种群中，隐性基因存在的概率是大致固定的。优生学的思考方式，其实也是以特定的价值观为标准来对生命的重量进行衡量。

如果我们能够充分理解，在人类社会中尊重个性和多样性对物种生存来说是极其重要的，就会明白要求一个社会中的所有人拥有统一的观点，以及整齐划一的教育方式，是极其有害的。多样性对物种的存续来说，是极其重要的根本。

44. 对于生命，我们能理解到何种程度？

　　人类基因组的完整测序，意味着我们已经基本掌握了生命的设计图。有些人期待能从这里出发，理解生命的全部奥秘，但是与此同时，另一些人依然悲观地认为我们永远不可能完全理解生命。在这里，我们有必要首先思考一下，所谓理解生命到底是什么意思。理解生命现象的基本原则，以及从分子层面描述各种生命现象，是理解生命的一个步骤。但是在此基础上，我们究竟能否将基因组中存在的数万个基因及其代谢产物，以及它们的调控因子作为一个整体来理解生命的全貌呢？

　　像这样，将许多分子的相互作用放在一起考虑，试图将分子层面的理解拓展为生命现象层面上的理解，这样的尝试被称为"系统生物学"，是近年来十分活跃的领域。

　　系统生物学研究者正在尝试将数量众多的各种参数输入拥有强大计算能力的计算机，用数学公式演绎性地推导出生物学功能。简而言之，就是试图用计算机模拟来捕捉生命现象。今天我们可以说，这种尝试已经取得了一定程度的成功。例如，有研究者利用各种物理参数，尝试在计算机上再现心脏的跳动。但是，这种模拟显然还远远没有达到能够将心脏中所有的分子信息整合在一起的水平。此外，人们正积极地用计算机来模拟某些药物的细胞内应答机制，尝试建立细胞反应性的测定方法。

目前的系统生物学研究，常常是将生命现象的某个有限的侧面孤立出来研究其分子层面的相互作用，或者是在不需要追溯到分子层面的前提下，对细胞相互作用或者整个器官的生理机能进行再现。但是，对于复杂的生理功能（比如大脑功能），以及作为全身防御系统的免疫系统的调控机制，目前要进行模拟研究的话，还需要打破极其困难的壁垒。

现在，系统生物学面临的瓶颈可以概括为两个方面。第一，需要考虑的因素（变量）太多，这会使计算公式出奇地复杂。这种过于复杂的计算很容易陷入混乱，无法做出有意义的预测。

诚然，只要对参数进行仔细调整，就可以很容易地在计算机上再现已知现象。但是，如果仅仅是这样，就和单纯地制作CG动画（计算机动画）没有太大的区别了。真正有价值的计算结果需要能进行有意义的预测，即从生物学的角度预测出重要的未知现象。遗憾的是，我们还不知道系统生物学能否达到这样的水平。

第二，我们还没有充分掌握所有参数，所以仅凭已知参数进行模拟，其结果会与实际相差甚远。

理解生命的另一条道路是构建人工生命。这种想法的基础是：如果我们能从基因开始，成功创造出最简单的生命，我们就能够相应地理解生命的基本原理。此外，使用这种方法能制造出有用的微生物，为社会创造价值，因此，此类研究获得了极大的关注。但是，"创造人工生命"的说法可能有些夸大。目前实际进行的研究是，找出实现生物自我复制所需的最少限度的基因，并将相应的DNA连接在一起，放入已有的细胞中，观察其增殖情况。此外，也有研究者尝试对单个基因的功能进行改良，并将其应用于特定代谢产物的高效生产等。

回到最初的问题：我们对生命的理解，究竟能达到何种状态？这是一个我们必须不断追问自己的问题。要描述生命的形态，所需的参数虽然有限，但又如此众多。不得不说，即使是通过方程式来完全描述单个细胞的状态，也是极其困难的。今天，我们已经可以人工合成病毒的基因，并将其植入宿主细胞中，从而制造出完整的病毒。我们或许可以认为，对于病毒，我们已经相当了解。但是，正如前面已经讲过的，病毒只具有生命体的部分功能，所以我们离理解生命的完整面貌还十分遥远。在理解生命这条道路上，我们还有很长的路要走。

第六章

生命科学给社会带来的冲击

生命科学正在发生革命性的变化，今后也将不断向前发展。

基因工程技术如此强大，以至于如果没有它，我们就无法描绘出美好的未来。

然而另一个事实是，这项技术正在不断引发新的问题。

当人类能够充分理解基因工程技术的局限性和问题所在，并灵活运用其中的智慧时，这项技术对社会做出的贡献将不可估量。

45. 安全和安心：新技术的社会接受性

　　安全和安心这两个词经常被认为是同义词，但实际上这两者属于完全不同的领域。所谓安全，是指以科学依据为基础的较低风险。反过来说，所谓安全的背后存在着一定程度的风险。世界上没有百分之百的安全，这是所有科学家都知道的事实。例如，要对医药用品进行安全性评价，通常需要在一定的用量、一定的给药时间条件下，并在一定规模的群体中来评价副作用发生的概率，并将副作用的严重程度与医药用品的治疗效果进行对比。没有副作用的药物几乎不存在。因此，我们应该掌握正确的用药剂量，并清楚药物的副作用是因人而异的，在此基础上才能服用药物或开具处方。

　　另一方面，安心是完全主观的感受。无论危险性有多高，只要本人相信是安全的，也是可以安心的。比如，只要住在日本就一定会面临地震的风险。况且，对地震概率进行预测几乎是不可能的。我们可以知道大地震是几百年一遇或者几十年一遇，但是没有人能够预料它会发生在明天还是发生在100年之后。那么，人们会因为担心发生地震而不安地度过每一天吗？实际上，大部分人都会给出否定答案并安心地度过每一天。

2011 年发生的东日本大地震让很多人再次感受到了地震的风险，但遗憾的是，地震风险的定量化是极其困难的。另外，无论对地震还是海啸都不可能进行完全的灾害防御，安全性总是相对的。如果将乘坐汽车发生事故的概率和乘坐飞机发生事故的概率进行比较，从统计结果看，据说飞机的安全性更高。但两者最大的不同是乘坐飞机时一旦发生事故，死亡的概率要高得多。

日本福岛县第一核电站的泄漏事故使大量放射性物质被释放到大气中。于是，生活在放射性物质污染区域的居民，不得已强制性地离开了。非常令人遗憾的是，一般民众能够获取的关于辐射影响的信息是极其混乱的。在事故发生 3 个月后，2011 年 6 月，日本学术会议发布了一份会长谈话，其中说明了一个许多国际医学专家都认同的观点：流行病学研究显示，因事故造成的辐射量只要在 100 毫希沃特以下，就没有证据能够证明此次辐射会增加致癌的风险（参照第 32 节）。反过来说，对于低于这一剂量的辐射，没有必要过于紧张。

另一方面，媒体从研究人员处获悉，即使是微小剂量的放射线也会对细胞产生影响，引起染色体异常，这又造成了相当大的恐慌。从科学方面来讲，这两种观点都是正确的。但值得注意的是，染色体受损和癌症发病之间还有很远的距离。

我们的体内经常会发生DNA损伤，但是我们的身体具备修复DNA的机制。引起DNA损伤的机制有很多，比如DNA代谢异常涉及的各种化学物质，以及生理活动过程中产生的过氧化物等。人体具备DNA修复机制，保护细胞中的遗传信息不受太大的损伤，而在无法修复的情况下，还有能够让细胞快速死亡的机制。人体免疫系统还可以清除早期癌细胞。只有如此多层的生物防御都失效，人才有可能身患癌症。所以，从以被辐射者为对象的流行病学研究中推算出的癌症发病概率，更能够显示实际的安全性和危险性。据此，事故原因造成的辐射量只要在100毫希沃特以下，就不会增加癌症发病的风险（图6-1）。

牛海绵状脑病（俗称疯牛病，BSE）的发病是经常被讨论的安全性问题。日本会对每一头牛都进行BSE检测，因此，日本人可以对日本产牛肉的安全性完全安心。另外，我们要求向日本进口牛肉的国家也遵循与此相近的标准。但是，如果考虑疯牛病的发病概率和潜伏期，以及对每一头牛进行检测所需要的费用，在实际操作中，这样严格的措施是否有意义是一个令人怀疑的问题。

与此相似，是否应当对低水平辐射区域进行放射性污染治理，也是一个令人疑惑的问题。人们最近才开始关注辐射

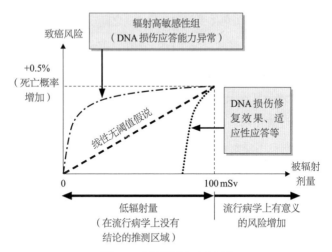

图 6-1　辐射暴露与癌症风险

的影响，但是实际上，到20世纪70年代为止的核试验时期，已经有大量的放射性物质飞散到大气中，并随着雨水降落到日本。对这些放射性辐射剂量进行定量测量的结果显示，这些辐射至今还有残留。我们无须讨论现在哪些地区的辐射量较高和哪些地区辐射量较低这种细微差别，因为在那一时期日本全国都受到了放射性物质的污染。人们的安心感需要科学数据的支撑，所以，科学意义上的安全性非常重要。但是，感情上的安心和科学上的安全常常相悖。

　　转基因技术也是一样，最初转基因有害健康的说法曾被大肆宣扬。但是，美国产的玉米大部分都是用转基因种子种植的，美国人在数十年间大量消费玉米，迄今为止没有发现任何有损健康的报告。另外，在日本饲料中使用的玉米，大部分也都是转基因产品。目前，对转基因的反对主要集中在转基因栽培可能会对环境产生的影响方面。具有农药抗性的转基因作物可能在天然环境中具有竞争优势，因此，人们担心转基因作物会对生态系统产生不良影响。但是实际上，人们已经制造并应用了很多种具有农药抗性或者其他各种特性的转基因植物。

毋庸置疑，我们应该在掌握充足的科学依据的基础上进行风险评估，但令人遗憾的是包括日本媒体在内的一些个人或组织，常常使用毫无根据的推论来煽动人们的不安情绪。我们不能不分青红皂白地说所有的转基因作物都是危险的，而是应该对每种转基因作物进行安全性验证，具体分析它进行了怎样的基因重组，又是因何制作的。

实际上，日本农林水产省要对每一种转基因作物进行独立的安全性测试，通过后才允许进口及种植。如果不改变现在的状况，就可能出现这样一种危险：只有日本不允许生产那些极为有用的或者对健康大有益处的转基因食品。关于科学技术与社会接受性，我们经常应该思考的是，不要以"安心"这一主观感受为依据，要在对科学充分理解的基础上，根据"安全性"这一定量的科学概念来进行判断。

46. 迎接先发制人的医疗时代

众所周知，日本社会在少子高龄化方面位于世界前列。不久的将来，也就是到2030年，会有30%的日本人超过65岁。显而易见，如果继续这样下去，日本的社会保障体系必将破产，其中医疗费用现在已经给国家财政造成了巨大压力。

从医学角度来看，防止医疗费用进一步上涨的有效方法是大力发展预防医学。检测出疾病的前兆，在患重病之前进行适当的治疗和用药是最优策略。大多数疾病是由遗传因素和环境因素相互作用而发病的，因此要准确地分析这两方面的信息，并且有必要对在什么样的遗传背景下容易发生什么样的疾病，以及与发病相关的生活习惯有哪些等，进行长期而全面的观察。这种医学上极为重要的"基因组队列研究"，作为日本内阁府综合科学技术委员会的一项行动计划，从2011年付诸实施。

关于什么是基因组队列研究，存在着很大的误解。作为综合科学技术会议的一名议员，从2009年通过科学技术促进协调基金会进行的日本队列研究，到2011年开始的通过科学技术战略促进基金进行的日本基因组队列研究，我都直接参与了促进工作。在此过程中，我惊讶地发现，能够正确理解基因组队列研究的研究人员非常少。特别是许多研究人员根本无法区分"使用疾病队列的基因组相关分析"（疾病基因相关性研究）和"基因组队列研究"，这让人感到非常困惑。

疾病基因相关性研究已经进行了10多年，最初是SNP（参照第36节）分析，近年来更是积累了包括全基因组序列分析在内的庞大分析数据。这种研究的进行方式是，首先在临床诊断中找到患有特定疾病的患者群，然后在患者群的基因组中寻找高频率DNA变异，来识别疾病易感性基因。这类研究还包括，寻找与血压、血液标志物等表现型相关的基因。伦理委员会要求，在研究过程中必须征得研究对象的同意，允许将含有他们DNA的生物样本用于对特定疾病的研究。

到目前为止，通过SNP分析已经检测到了许多种疾病的遗传性风险因素，但是，生活习惯病、神经和精神疾病大部分为多因素疾病，这些疾病与单独影响力较弱的多个SNP或频度虽低但会在患者体内聚集的SNP有关，因此，尚未找到这些疾病的决定性遗传因素。另外，由于通过SNP分析检测到的基因变异非常有限，将来的研究重心可能会向全基因组序列分析方面倾斜。

另一方面，目前世界各国都在计划或实施的基因组队列研究方法是一种流行病学研究方法，它的实施方式与疾病基因相关性研究截然不同。在基因组队列研究中，研究者要对一组健康人进行登记，并持续进行20余年的追踪，在不进行任何假设的前提下，对这些人的医学信息、环境和生活习惯信息，以及作为个人终极信息的基因组碱基序列等各种信息进行全面收集，在此基础上，就可以对这些人在研究期间内发生了哪些疾病、接受了怎样的治疗，以及有怎样的反应等进行前瞻性全面分析。

对比来看，疾病基因相关性研究是回顾性的研究，是对已经生病的人进行回顾分析，是在预先提出假设的前提下，再去收集患者过去的生活习惯等信息。然而，要完全追溯并收集到患者健康时期的临床信息，以及环境和生活习惯信息，几乎是不可能的。这正是它与基因组队列研究完全不同之处。

基于队列设计中"回顾性"和"前瞻性"的差异，所需的伦理道德准则也必然会有所不同。对于疾病基因相关性研究，从研究对象身上获取DNA等生物样本时，要明确限定该生物样本只被用于特定的疾病和类似病情的分析，在此准则之下，研究者要获得伦理委员会的研究许可批准，然后再取得研究对象的"限定同意"。

但是，基因组队列研究使用的是不进行假设的前瞻性队列，所以无法预测它将被用于何种疾病的研究。因此，在这种情况下，需要"全面同意"。这是一份同意将自己的个人信息（包括DNA序列）用于任何医学研究的同意书，因此，要以伦理委员会认同的格式从如此多健康人那里获得这类同意，并非易事。如果不能得到这些同意，就无法进行基因组队列研究。非常遗憾的是，一些研究人员不理解这一点，认为只要能够进行使用患者队列的疾病基因相关性研究，就可以进行基因组队列研究。如果有研究人员在未获得全面同意的情况下进行基因组队列研究，这种行为就像没有驾驶证在道路上行驶，是绝对不被允许的。

从研究性质和所需经费来看，基因组队列研究将会是集结日本研究人员力量的国家项目。要进行这项研究，必须登记大量的注册人群，并且对各地区、各研究机构已经进行的疾病队列研究和流行病学研究进行汇总分析，而在这样的汇总过程中，要保证所有数据的质量是几乎不可能的。以日本内阁府的行动计划为基础，文部科学省也参与推进基因组队列研究。今后，应该以伦理委员会认可的"全面同意"为基础，将基因组队列研究作为国家项目，形成全国统一的机制来整体推进。

基因组队列研究绝不是一件容易的事情，要在日本形成完善的研究体系，所有研究人员必须齐心协力面对困难。另外，这是一项跨越很多学科的研究，需要广泛领域的研究人员参与——不仅仅是医学相关的领域，还会对信息科学提出新的挑战，并需要物理化学领域开发新的设备。尤其对于信息科学领域来说，要从50多万人的全碱基序列和医疗信息这种迄今为止从未遇到过的庞大而复杂的信息海洋中，自由地提取和比较所需的信息，可能需要一场新的信息革命。为了检测血液中的微量成分并对其数据进行比较分析，也需要比现有分析技术更加简便、灵敏的方法和设备。

但是，克服这些困难后获得的成果，也将会带来极大的社会价值。如果我们能够发现疾病的前兆，并先发制人地采取医疗手段，就有可能在生病之前就进行介入治疗（图6-2）。另外，进一步了解引发疾病的候选基因和与疾病相关的生物标记物等，会孕育出创造新药的种子。为此，我们希望制药企业能够从初期开始就参与这一项目，与大家一起推进并最终完成一体化的国家工程。同时，对于医学和生命科学而言，这也是以从动物身上获得的知识为基础来理解人类自身的绝好机会，人类生命科学研究可能会迎来值得期待的重大进展。

对于少子高龄化的日本社会来说，要实现预防医学并推

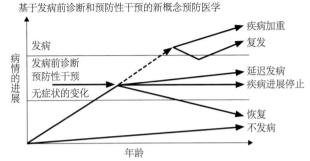

基于发病前诊断和预防性干预的新概念预防医学

• 分析个体基因组和中间性状，并将其与医学信息相结合，发展个性化医疗。
• 在发病前及早诊断，逐渐形成先发制人的医疗体系（社会保险的未来形态）。

图 6-2　先发制人的医疗时代

进入类生命科学研究，基因组队列研究是一个紧迫的课题，也是必须集结众多领域研究人员的力量并从国家层面推进的巨大工程。但是，要进行健康人队列研究，就必须严格遵守伦理规范，接受"全面同意"的制约。还有一点非常重要，这样的项目至少要在全日本设立几个分部，并设定统一的制度，要求所有分部按照统一的标准来汇总数据。今后，我们需要根据试点研究的结果，详细计算所需经费并确立完善的体制，这些将决定这个项目的成败。

这项研究还触及生命科学的一个终极课题，即"什么是人类"。由于难以从人体中以非侵入式的方法获得数据，以往的疾病基础研究一直使用动物模型。但是，随着近年来机器分析技术的革新，在推进基因组队列研究的过程中，必然可以得到大量的人体数据。也就是说，我们可以利用这些以非常自然的方式获得的数据来进行人类生命科学研究，也就是"人类生命信息综合研究"。从这样的观点出发，日本学术会议在2012年8月提出建议：开展人类生命信息综合研究关键项目——作为国民健康基础的大规模队列研究。

47. 解决食物短缺与环境保护

农业的作用是供应粮食。我们的粮食完全来源于太阳能，而太阳能通常被认为是无限的。太阳能首先由植物储存，植物成为动物的饲料，动物又成为人类的蛋白质来源。

于是，包括基因重组、细胞培养等在内的植物基因工程技术就变得尤为重要，人们也对这些技术的效果寄予厚望。其原因是，植物的单个细胞就具有发育为完整个体的能力。早在45年前，人们就已经从打碎组织而得到的细胞块（愈伤组织）中成功培育出了完整的胡萝卜。因此，如果将具有特定性状的遗传信息植入单个细胞并使其正确表达，由这个细胞形成的完整植物个体就会获得新的性状，可能实现植株更大、生长更快，或者对特定的病虫害具有抵抗性等。

品种改良

另一方面，对于动物来说，重点在于对渔业和畜牧业品种进行改良，或者保护某个动物物种的存续。

例如，在畜牧业中，我们可以制作克隆动物，获得大量性能优良的纯种马或者优质的肉牛等。这当然是为了满足人类特定需求而采取的行动，也是对许多人来说比较容易接受的做法。

对于这种为满足人类需求而制造有用生物的做法，我个人并不反对。但我认为，在此过程中应该尽量避免让其他物种陷入危险，或者说我们是不是有必要积极利用基因工程的尖端技术，来保护这些物种呢？除此之外，我们还可以进一步发展冷冻受精卵的技术，来保护某些物种。

今后品种改良的主要着眼点可分为三个方面：数量的扩大、质量的提高、人们的喜好。在数量上，无论是动物还是植物，都应该着眼于制造出生长速度较快的个体。质量的提高包含很多方面，例如：不断改良品种，以获得营养价值更高的植物。举例来讲，玉米中没有色氨酸这种必需氨基酸，所以仅以玉米为主食会造成营养不均衡，但是，我们可以制造出含有色氨酸的玉米，来解决这一问题。关于人们的喜好，在未来人们的喜好会变得越来越多样化和奢侈化，所以在各种各样的方向上进行品种改良都很有必要，并且是迫在眉睫的。比如，我们可以应用基因工程技术来改善肉的硬度、水果的颜色和味道，以及酒的口感。

考虑到现今存在的国际性食品问题，基因工程技术一定会越来越重要。

用微生物生产粮食

人类以动植物为食物，来维持自己的生命。大部分欧美人认为人类和其他生物是截然不同的。但也有一些不同的声音，有人认为"鲸鱼和牛不同"或者"人类无须为食用饲养生物而感到罪恶"，诸如此类都是出于人类傲慢的错误观念。

佛教思想认为，所有生命在根本上都是平等的，人类把其他生物作为食物是一种必要的恶。我期盼基因工程技术能够成为实践与生命有关的佛教思想的有效手段。如果我们能利用基因工程方法，用微生物来生产所有的食物，那么虽然这并不是完美的方法，但我认为这可能是最接近理想的、负罪感最少的方法了。

如今，木材生产需要漫长的时间，木材的再生也需要合理的长期展望以及大量资金。从长远来看，对这种重要的植物资源进行品种改良是一个极其重要的课题。另外，如何有效利用昆虫——自然界昆虫物种的数量仅次于细菌——也将成为越来越重要的课题。可以预见在未来的农业中，基因工程技术所发挥的作用将会越来越大。

兼顾生态环境

有观点认为，基因重组技术将会给环境保护带来灾难。在考虑这个问题之前，首先必须深入地思考一下所谓的环境保护，看看其具体含义究竟是什么。地球的气候每年都在变化，太阳的活动强度也以较长的周期而变化着。古地质学研究和历史记载都显示，地球上的气候经历过忽冷忽热的变化，每一次变化都会对包括人类在内的地球生物的生存方式产生重大影响。

如果说环境保护的目的是在考虑这些地球环境变化的前提下，维持"不变的自然状态"，那么我们必须意识到，各种人类活动，即所谓的人类文明，已经使地球生态系统发生了巨大的变化。我们必须思考所谓的自然状态是怎样的状态。地球环境每时每刻都在变化，这些变化主要是由太阳能和大气状态的变化引起的，是不可能通过人为手段阻止的。在这种变化中，地球上的生物不断灭绝和演化，共同维持着不断变迁的生态系统。

对于转基因技术可能带来的环境破坏，人们的担心在于，如果我们人为创造出环境适应能力异乎寻常的物种，这些物种会不会驱逐其他物种，从而使广阔的地区从多层次的生态系统转变为由单一物种主导的单层生态系统呢？这是一个值得充分关注的问题，我们有必要保证我们设计出来的转基因植物不会发生这种异常增殖。例如，我们完全可以在转基因植物中另外引入某种基因，使它对某种药剂特别敏感。如果该植物发生异常增殖，我们就可以用这种药剂来很好地应对。

　　而且我认为，我们可以使用基因重组技术，反过来为生物物种的存续和生物多样性的维持做出贡献。这也许才是基因重组技术的重要性所在。例如，对于那些将要不可避免地灭绝的物种，我们可以保存它们的DNA或冷冻保存其受精卵，来保证这些物种的存续。在许多恐怖故事中，人类创造出的基因重组动物和植物会脱离人类的控制，反过来攻击人类社会。但在现实中，正如第45节所述，这种担忧主要来自感情上的排斥，而非基于科学依据。可以毫不夸张地说，这一技术能否被我们好好管理并有效利用，关系到地球人类的未来生存。

48. 基因工程创造的新产业

如果提出今天我们最迫切需要的是什么这个问题，答案大概就是开发新的能源资源。据预测，当今的主要能源资源石油和煤炭在不久的将来就会枯竭，而原子能的危险性和废弃物处理问题尚未得到解决。

但是，最丰富的能源实际上是我们每天都从中受益的太阳能。太阳能被认为是几乎无限的，当太阳消失时，也就是人类从地球上消失的时候。毫不夸张地说，如果能够有效利用太阳能，能源问题将从根本上得到解决。

生物能源

目前，最受欢迎的生物能源是利用酵母等微生物的发酵过程，用食物纤维来合成乙醇，燃烧乙醇就可以获得能量。未来生物乙醇有可能会替代石油。

为此，我们需要开发能够高效合成乙醇的微生物，以及作为发酵原料的、含有大量食物纤维的植物。遗憾的是，从目前的技术水平来看，与从地下抽出的石油的价格相比，生物乙醇完全没有可与之抗衡的经济优势。但是，这一研究一直在稳步进行，而石油总有一天会枯竭，因此将来一定会产生能够在价格上与之充分抗衡的生物燃料。

最近人们发现有些藻类会在体内储存油脂，于是人们开始尝试大规模培养这些藻类，来生产石油替代品。这项研究面临的最大难题是，最初如何在表面积足够大的光照表面上培养出大量的藻类。能否实现与石油相匹敌的生产效率来降低成本，也还是一个很大的问题。

毫无疑问，地下的石油、砂岩层中的石油、页岩油、天然气等各种化石能源，都会不可避免地枯竭。不管是生物能源的生产与使用，还是用物理方法——用硅等材料来发电（太阳能发电），将太阳的恩惠转换为能源的方法都是不可缺少的。

能够以最高效率利用太阳能的是植物。在光合作用过程中，植物分解水（H_2O）来产生质子（H^+）和氧气（O_2）。这种系统不是植物所特有的，具有光合作用能力的细菌也同样使用该系统。如果我们能利用这一系统，就可以将水分解产生氢气，而氢气也是一种重要的能源物质。为了更有效地利用光合作用细菌，我们可以利用重组DNA技术来改良细菌的生长和光合作用能力。这在未来绝不只是一个梦想。

绿色化学

绿色化学是一个正在前进中的新领域，它与生物能源几乎是并肩前进的。也就是说，利用微生物发酵技术，不仅能生产乙醇类产品，还能产出乙烷、甲烷等碳氢化合物，所以人们正计划利用这一技术来生产化工产品，例如塑料等聚合物。这种方法的出现，意味着化工产业正从完全依赖于地下资源的状况，开始向利用基因工程技术寻求新发展的状态转变。绿色化学已被纳入政府的科学技术政策中，被认为是可能在不太遥远的将来获得实际应用的方向，并且受到了科学家的关注。

今天，绿色化学面临的难题是如何确保其经济性和产量。如何大量获得作为原材料的植物，又如何经济高效地生产醇类和碳氢化合物？在工业化过程中，人类已经反复解决过上述问题，所以在我看来，绿色化学面临的这些问题并不是无法解决的。基因组研究的方向从人类的健康到食品、能源、化工产品，正呈现出广泛的发展趋势，可以预见在22世纪，如果不依赖基因组技术，各种人类活动都将无法进行。

生物电子学

目前，许多人还在尝试将生物系统应用到各个领域中去，生物传感器就是其中一个方向。生物传感器与我们的感觉神经元或者细胞表面受体一样，能够检测浓度极低的化学物质，并对其做出反应。我们可以将生物受体制作成非常有效的传感器，来检测化学物质。

另一项不可思议的新技术是生物芯片。例如，将细胞色素、血红蛋白等卟啉类生物高分子与化学物质相结合，并有规律地排布在膜上，就可以用特定的分子信号来改变膜上分子的朝向，这样就可以在电极间形成电路，并制作出精细的电子计算机元件。

对生物功能的利用将逐渐在所有产业中占据重要地位，生命科学的重要性将在今后10年中得到飞跃性发展。

第七章

作为生命科学工作者，我想说

49. 了解幸福感的生物学原理

自古以来，许多贤人和哲人都异口同声地承认，幸福感是建立在快感基础上的；但是与此同时，他们又说，基于本能快感的幸福感是低层次的，人必须追求更高层次的、真正的幸福感。

对生物来说，本能的快感与生殖欲、食欲、竞争欲这三种欲望的满足密切相关。这些欲望又与生命的根本价值——"生存"，有着本质上的联系。为了生存下去，生物必须留下后代，必须获取能量、自主活动，也必须与外敌斗争并适应环境。如果生殖行为不能带来快感，生物就不会热衷于生育后代；如果好吃的东西不能带来幸福感，它们就不会拼命进食；如果在竞争中获胜得不到快感，它们也就不会勇敢地面对困难而生存下去。如此看来，可以认为在进化过程中，很可能只有那些把"对生存所必需的行为给予快感奖励"编入了DNA的物种，才能够生存到今天。

问题是为什么人们一直都说，这样的幸福感是非常低层次的，如果停留在这个水平上，就体会不到真正的幸福呢？

其中的原因在于一个自古以来人们就知晓的事实：一旦欲望得到满足，人很快就会厌倦。喝到了美味的葡萄酒，就会想要更好的葡萄酒；得到了权力，就会渴望更大的权力。欲望饱和也有其生物学基础。所有的快感都是由感受器接受刺激而获得的。对于视觉、听觉、嗅觉、味觉、触觉等所谓五感的感觉器官来说，如果反复给予其相同程度的刺激，它们就会变得麻痹。这就是"欲望满足型幸福感"最终会达到饱和的生物学基础。

除此之外，还有一种快感被称为"不安消除型幸福感"。不安感从何而来？恐怕也是被写入DNA中的。生物感知到前面提到的三种生存要素受到了侵害，就会感到不安。譬如，当生命受到威胁时，生物就会减小留下后代的可能性。许多有毒有害的食物都有奇怪的味道。看到外表高大强壮的动物，人类会本能地感到恐惧，根本不想尝试与之战斗，而是一溜烟地逃跑。此外，就像柏拉图的寓言所描述的那样，人会因孤独而感到不安，这大概是因为人类和很多其他动物都会因群居而感到安心。

既然我们不可能消除这个世界上所有可能引起不安的因素，又该如何获得安定平静的心境呢？宗教学家说，这是一种了悟的境界，是经历过不幸才能获得的。据说，恶人、因作恶而感到痛苦的人，以及陷入极端困境的人，最为接近心灵安定的了悟境界。但是，没有遇到过巨大不幸的凡人也不必担心。通过伟大的艺术作品，尤其是优秀的文学作品，我们也可以充分体会人生的苦恼和他人的痛苦。或许可以认为，宗教的作用就是为人们提供可以消除烦恼和不安的"万能软件"。

幸运的是，不安消除型幸福感不会变得麻痹。由此看来，虽然欲望满足型幸福感和不安消除型幸福感的来源都与生存相关，但它们受到不同的机制调控。

在生物学上，不安的感觉受到怎样的调控呢？在人的大脑中，信息会从感觉器官传递到知觉中枢。看到好吃的东西，人就会产生想吃的条件反射。但是，大脑中有更高一级的高级控制中枢，可以通过控制学习和记忆的反馈来调节行为和感情。经历过各种悲惨的体验之后，与那时相比，自己现在所处的状态就会显得幸福——高级控制中枢就是这样提高了神经回路中不安感的阈值。神经中枢可以控制由感觉器官传入的感觉的强度，从而影响行为和感情的表现，有多个证据都可以说明这一点。

遗传性耳聋-视网膜色素变性综合征是一种严重的遗传病，患者出生之后，视觉和听觉会逐渐变得麻痹。但是据说在完全失去视觉和听觉之后，患者的嗅觉会变得非常灵敏，甚至可以只凭化妆品的气味就分辨出对方是谁。

与许多其他动物相比，人类的嗅觉异常迟钝。但是，从上述疾病患者的情况来看，这可能并不是因为人类嗅觉受体提供的信号太弱，而是因为人类通过视觉获得的信息格外多，所以高级控制中枢在进行信息处理时会专注于处理视觉信息，而没有充分感知嗅觉信息。但是，当来自视觉和听觉的信息输入停止时，嗅觉就会全面解放。另外，所有人都有过这样的经历：在认真看书时，你会完全听不见有人在背后叫你。这同样不是因为没有听觉信息的输入，而是神经中枢在信息处理阶段进行调节的结果。

总而言之，从生物学角度来看，要充分品味幸福感，不能仅依赖于欲望满足型幸福感，而应该将重点转移到不安消除型幸福感上，通过其阈值调控方式来更好地品味幸福。因此，通往稳定幸福感的最理想道路应该是，首先获得永久性的安定感，然后加上适当的快感刺激。也就是说，保持轻松的心态，再偶尔喝一杯美味的葡萄酒，大概就是最幸福的人生了。

50. 生物学是必备素养

　　曾经，没有选修过生物学的学生也可以报考京都大学医学部，结果造成了超过90%的医学专业学生对生命科学几乎一无所知的状况，这非常令人担忧。如果有志于医学的人不知道生命是如何运作的，又怎么会下定决心走上以慈爱之心拯救生命的职业道路呢？医大教授会的成员们认为，这正是当时考试制度诸多弊端中的一个典型，经过慎重的反复讨论，他们最终决定把生物学列为入学考试的必修科目。与此同时，日本医学部长会议也呼吁医学部考生必修生物学。这是发生在平成十五年（2003）的事。

　　实际上，了解生命科学知识的必要性并不仅限于医学专业的学生。今天，我们在考虑和生命相关的现实问题（例如：器官移植、再生医疗、基因疗法、在自己体内培育别人的受精卵，以及应该为老年人提供何种程度的医疗等问题）时，如果不了解其具体内容，就无法进行讨论。此外，对"人应该怎样存在"这样的观念性问题进行讨论时，我们也常常感到其在应对实际问题上的局限性，这是不是因为当我们从这样的观点出发进行讨论时，虽然是无意识的，但实际上是以"人类是一种特别的存在"为前提进行讨论的?

但是，根据今天的生物学研究成果，人类并不是特殊的生物，只是一种与其他灵长类动物非常接近的动物。对同卵双胞胎的研究表明，我们的行为方式也受到遗传调控。在思考人的生活方式时，我们不能只在文化社会层面上讨论人应该是什么样的。如果不能从科学的角度理解作为生物的人类的生存机制、知觉、认识或行动的原理，就不可能充分理解这个问题吧?

这样的例子并不仅限于生物伦理学。很多报道武断地认定转基因食品是危险的，难道不是缺乏生物学知识的结果吗? 另外，在讨论如何应对最近出现的恐怖主义问题时，仅仅挥舞正义之剑并不能解决问题。我们必须先承认，人类在拥有爱的同时，也拥有憎恶的感情。为了与他人竞争并得以生存，憎恶感是必需的，所以它也被烙印在人类的基因中。憎恶感为人类带来了许多麻烦，但它其实与体育、科学、艺术等方面必不可少的好胜心是同样的情感。我们是不是能以科学为依据，找到控制这种感情的方法，实现超越憎恶感的和谐共处的世界呢? 如此看来，可以毫不夸张地说，不论学习文科还是理科，生物学都是所有现代人必备的素养。

51. 重新思考医疗的使命

　　最近，再生医学、基因治疗等词语越来越多地出现在媒体上。对于一般人来说，我们一方面期待随着医学的进步，寿命会越来越长，生活会越来越舒适；而另一方面，我们又担心医疗的过度发展是否会给人类自身的存在方式带来巨大变化。随着器官移植和辅助生殖技术的进步，已经有许多生命获得了拯救，也有许多生命得以诞生。但是，可以进行器官移植手术的患者年龄上限到底应该是多少？社会又能否负担得起让所有人都享受这些高级医疗方法所需的高额医疗费用？或者说，最终只有一部分有钱人才能受益？这些令人头疼的问题堆积如山。

　　如何才能解决这些社会性的全人类难题呢？毋庸置疑，有必要让普通国民参与讨论，但是，普通国民会由于对技术内容的理解不足而产生犹豫，或者反过来产生武断的偏见，所以到目前为止，尚未实现比较有效的民众讨论。另一方面，令人遗憾的是，来自医务工作者的积极发言比较少。长期以来，医疗工作者一直遵循一种单纯的哲学进行工作：医疗的使命就是尽一切可能来延长患者的生命，哪怕只延长1分或者

1秒。但是最近，越来越多的人认为提高患者的生活质量才是最重要的。而实际情况是，无论从哪一种思维方式出发，面对无法完全处理的现实难题时，很多医务人员都多少有些困惑。

从20世纪末期开始，随着生命科学迅速发展，医疗的性质发生了很大的变化，并且使这些问题变得更加困难。医疗是一项直面人类最根本的烦恼——死亡的崇高工作，它吸引了许多优秀年轻人；医生也是普遍受人尊重的职业。但现实情况是，由于医疗技术的进步和人们对欲望无止境的追求，医疗已经转变为追求利润的商业行为。能够说明这一点的具有代表性的例子是，"伟哥"产品给制药公司带来了高额利润。美容整形手术也是一样，辅助生殖技术中的一部分也属于这一类型。据说在有些国家，美丽而聪明的人的卵子会被高价出售。

为了解决这些难题，我们不得不回到"医疗到底是为什么而进行的"这个原点。自古以来，掌权者必定会寻求长生不老。这可以说是人类永恒的欲望。但是，人总有一天会因衰老而死亡。这是人类作为生物的根本宿命。重视生活质量的人认为，医疗的职责是帮助人们在有限的生命中尽可能健康地生活。问题是什么才是"健康"。前面提到人有各种欲望，但是欲望的满足并不总与健康保持一致。我认为，我们不能不对这个问题进行彻底讨论并理清思路，不该就这样放任医疗作为商业活动而不断膨胀。

52. 向历史学习

　　在太平洋战争中，220万日本国民失去了生命。广岛、长崎被投下原子弹，日本成为世界上唯一被原子弹轰炸过的国家。但是，关于日本为什么发动那场战争，又为什么战败，很少有总结性的全面历史研究。其中，美国记者罗伯特·斯蒂尼特的《珍珠港的真相》(*Day of Deceit*) 一书提供了令人震惊的观点。

　　这本书基于数量庞大的资料，进行了有说服力的分析：美国为了压制国内的反战势力，并加入欧洲战场，制订了引诱日本率先攻击夏威夷的周密计划。据说，美军监听并破解了日本的外交和军事密码，事先察觉了日本海军的动向，知道日本舰队在单冠湾集结，但时任美国总统罗斯福故意没有向夏威夷的太平洋舰队司令官传达这些情报。

　　在军事和外交情报战中，日本毫无防备、过度无知，因而投入了那场惨烈的战争，使许多人失去了生命。如果日本能对此进行反省，就可以重新审视现代的外交战略和经济战争中的情报战略，并在看穿美国真正意图的基础上采取措施。在当前困扰着日本经济的全球金融危机中，我们再次采取了与大正时代金融恐慌前完全相同的债务扩张政策，这不正是没有向历史学习的典型事例吗？

　　每一个现代人都承载着人类文化的历史，同时也都是演化的产物，无法摆脱生物演化的历史。人类之所以会患上某些疾病，也常常是因为在漫长的生命演化历史中，人类为了生存而获得的某些遗传信息，与人类社会快速文明化所带来的生存环境变化之间无法匹配。例如，糖尿病患者每年都在增加，这是因为我们的祖先曾经常常处于饥饿状态，所以他们不太需要那些能够降低血糖水平的基因。在地球上，有部分国家的人民从饥饿中解放出来的确切历史，还仅仅不到100年。

　　即使是在考虑人类的社会行为时，也无法脱离人类作为生物物种的演化历史。没有任何证据能够证明，人类是与其他生物完全不同、拥有高度道德感的生物。或者说，更正确的观点应该是，人类与其他动物一样具有条件反射，具有追求欲望的神经回路。精神分析学家中本征利所著的《男性恋爱分析学》一书认为，男性在恋爱中的思考和行动方式的基础，与其他雄性动物几乎完全一样。

　　历史已经反复证明，单纯依靠观念性的"性善说"体系是失败的。人类只有通过接受教育才能获得社会性。人类是一种动物，我们有必要从动物行为学研究出发，找到一种经营社会生活的体系，让人们在不威胁他人的基础上获得幸福生活。我们应该再次认识到，开启人类未来的钥匙，应该在对包括演化在内的人类历史的冷静分析中。